수학의 세계

전인흥 · 전숙희 · 이영섭 공저

敎友社

머리말

근래의 수학은 물리학, 화학, 컴퓨터학, 공학, 경제학, 경영학 등의 분야는 물론 생명과학, 사회과학, 인문과학에 이르기 까지 거의 모든 분야의 학문에 이용되고 있다. 더구나 수학은 논리적이고 합리적인 사고력을 배양할 수 있는 과목으로 중요성이 인정되고 있다.

수학의 세계는 대학에서의 교양수학을 위하여 현대 수학의 핵심 분야인 논리, 집합론, 함수, 함수의 연속, 미분과 응용, 정수론, 선형대수, 미분기하 등의 기초 부분을 알기 쉽게 정리하여 학생들이 흥미를 갖고 공부할 수 있게 쓴 책이다. 저자들은 다양한 전공의 학생들이 이 책을 공부함으로서 논리적인 생각을 할 수 있는 능력을 갖추게 됨은 물론 학생 각자가 이 책을 통하여 배운 내용이 각자의 전공을 공부하는데도 크게 도움이 될 수 있다고 확신한다.

연습 문제에 대하여 학생들에게 당부하고 싶은 것은 먼저 학생들이 책의 내용을 충분히 학습하고 연습 문제를 스스로 풀어 봄으로서 배운 내용을 다시 한 번 생각해 봄으로서 책의 내용을 완전히 이해하라는 것이다.

끝으로 이 책의 출간을 쾌히 승낙하시고 출간되기까지 모든 일을 협조해 주신 교우사 오판근 사장님과 직원들께 감사드린다.

2009년 2월

저자들

차 례

1
기본적인 논리

1.1 명제와 연결사

참 또는 거짓이 분명히 구별되는 문장을 **명제**(statement)라 부른다. 명제와 명제가 아닌 문장들의 예는 다음과 같다.

예제 *1.1* 명제들의 예

(1) 서울은 한국에 있는 도시이다.

(2) 서울은 영국에 있는 도시이다.

(3) 3에다 5를 곱하면 17이다.

(4) 3에다 5를 곱하면 15이다.

(5) 소나무는 식물이다.

여기서 (1), (4), (5)는 참인 명제이고 (2)와 (3)은 거짓인 명제이다.

예제 *1.2* 명제가 아닌 문장들의 예

(1) 우리 집에 놀러 와라.

(2) 열심히 공부해라.

(3) 바람이 분다.

위의 문장들은 참 또는 거짓이 될 수 없으므로 명제가 아니다.

명제의 참 또는 거짓을 그 명제의 **진리값**(truth value)이라 하며 모든 경우에 대한 명제의 진리값을 표로 표시한 것을 **진리표**(truth table)라 한다.

명제들을 연결하여 주는 것을 **연결사**(connective)라 하는데 다음과 같은 다섯 개의 연결사가 있다.

표기	뜻
∧	그리고 (and)
∨	또는 (or)
~	아니다 (not)
→	....이면 ....이다 (if ...., then .....)
↔	p이면 q이고 q이면 p이다 (p if and only if q)

예제 1.1의 명제들을 **단순 명제**(simple statement)라 부르고 두 개 이상의 단순 명제들이 연결사에 의해 형성된 명제를 **합성 명제**(compound statement)라고 부른다. 단순 명제는 p, q, r, …… 등의 영어 소문자로 나타내며 합성 명제는 P, Q, R, …… 등의 영어 대문자로 나타낸다.

다음과 같은 명제는 합성 명제이다.

(1) "소나무는 식물이고 곰은 동물이다."

(2) "$x > 3$이거나 또는 $x < -3$이다."

정의 1.1 연결사 ∧는 두 개의 명제 p와 q 사이에 위치하여 다음과 같은 진리값(truth value)을 갖는 p∧q를 형성한다. p∧q는 "p 그리고 q(p and q)"라고 읽는다.

p	q	p∧q
참	참	참
참	거짓	거짓
거짓	참	거짓
거짓	거짓	거짓

예제 1.3 서술문 p : "서울은 한국에 있는 도시이다."
서술문 q : "런던은 영국에 있는 도시이다."
p∧q : "서울은 한국에 있는 도시이고 그리고 런던은 영국에 있는 도시이다."

정의 1.2 연결사 ∨는 두 개의 서술문 p와 q 사이에 위치하여 다음과 같은 진리값(truth value)을 갖는 p∨q를 형성한다. p∨q는 "p 또는 q(p or q)"라고 읽는다.

p	q	p∨q
참	참	참
참	거짓	참
거짓	참	참
거짓	거짓	거짓

정의 1.3 연결사 ~는 서술문 p 앞에 위치하여 다음과 같은 진리값(truth value)을 갖는 ~p를 형성한다. ~p는 "p가 아니다(not p)"라고 읽는다.

p	~p
참	거짓
거짓	참

예제 1.4 p를 p : "2에다 3을 더하면 5이다"라고 하면
~p는 ~p : "2에다 3을 더하면 5가 아니다"가 된다.

예제 1.5 명제 ~[(~p) ∧ (~q)]의 진리표(truth table)는 다음과 같다.

p	q	~p	~q	(~p)∧(~q)	~[(~p)∧(~q)]
참	참	거짓	거짓	거짓	참
참	거짓	거짓	참	거짓	참
거짓	참	참	거짓	거짓	참
거짓	거짓	참	참	참	거짓

정의 1.4 두 개의 명제 A와 B가 모든 경우에서 똑같은 진리값(truth value)을 갖고 있으면 A와 B는 **동치이다**(A is equivalent to B)"라 하며 "A≡B"로 표기한다.

예제 1.6 예제 1.5로부터

p	q	~[(~p)∧(~q)]
참	참	참
참	거짓	참
거짓	참	참
거짓	거짓	거짓

이다. 또한

p	q	$p \vee q$
참	참	참
참	거짓	참
거짓	참	참
거짓	거짓	거짓

이다. 그러므로 모든 경우에 진리값이 같으므로 $p \vee q \equiv \sim[(\sim p) \wedge (\sim q)]$이다.

정의 1.5 명제 $p \rightarrow q$는 명제 $\sim(p \wedge \sim q)$이라고 정의하며 $p \rightarrow q$는 "p이면 q이다(if p then q)"라고 읽는다. 즉,

p	q	$\sim q$	$p \wedge \sim q$	$p \rightarrow q\ [\equiv \sim(p \wedge \sim q)]$
참	참	거짓	거짓	참
참	거짓	참	참	거짓
거짓	참	거짓	거짓	참
거짓	거짓	참	거짓	참

정의 1.6 서술문 $p \leftrightarrow q$는 $(p \rightarrow q) \wedge (q \rightarrow p)$라고 정의하며 $p \leftrightarrow q$는 "p이면 q이고 q이면 p이다(p if and only if q)"라고 읽는다. 즉,

p	q	$p \rightarrow q$	$q \rightarrow p$	$p \leftrightarrow q[\equiv (p \rightarrow q) \wedge (q \rightarrow p)]$
참	참	참	참	참
참	거짓	거짓	참	거짓
거짓	참	참	거짓	거짓
거짓	거짓	참	참	참

연습문제 (1.1)

1. 다음 명제들의 진리표(truth table)를 구하여라.
   (1) $\sim(\sim p)$
   (2) $\sim p \wedge q$
   (3) $(p \wedge q) \wedge r$
   (4) $(p \wedge \sim q) \wedge r$
   (5) $\sim q \wedge (r \vee p)$

2. 명제 p를 "학생들이 열심히 공부한다"라 하고 명제 q를 "학생들이 행복하다"라 하자. 다음의 합성 명제를 문장으로 표현하라.
   (1) $p \wedge q$
   (2) $p \vee q$
   (3) $\sim p$
   (4) $p \rightarrow q$
   (5) $p \leftrightarrow q$
   (6) $\sim p \wedge q$
   (7) $\sim q \rightarrow \sim q$

3. 다음 문장 중에서 명제인 것을 판별하라.
   (1) $8 - 5 = 2$
   (2) 다음 토요일에 놀러 가자.
   (3) 날씨가 맑으면 좋다.
   (4) 극장에 가지 마라.

4. 다음에 주어진 합성 명제를 단순 명제와 연결사를 이용하여 나타내어라.
   (1) 인구가 제일 많은 나라는 중국이고 대학교가 제일 많은 나라는 미국이다.
   (2) 학생이 공부하면 학생은 시험에 합격한다.
   (3) 학생이 공부하지 않으면 학생은 시험에 불합격한다.
   (4) 회사가 상품의 가격을 내리거나 상품의 품질을 개선할 것이다.
   (5) $x + 1 = 3$이면 $x = 2$이고 $x = 2$이면 $x + 1 = 3$이다.

1.2 **항진명제**(Tautology), **함의**(Implication), **동치**(Equivalence)

> 정리 1.7 명제가 모든 경우에 참이면 그 명제를 **항진 명제**(tautology)라 한다.

예제 *1.7* 명제 $p \rightarrow p$와 $p \wedge q \rightarrow q$는 항진 명제이다.

(1) $(p \rightarrow p) \equiv [\sim(p \wedge \sim p)]$

p	~p	p∧~p	(p→p) ≡[~(p∧~p)]
참	거짓	거짓	참
거짓	참	거짓	참

(2) $(p \wedge q \rightarrow q) \equiv \sim[(p \wedge q) \wedge \sim q)]$

p	q	p∧q	~p	[(p∧q)∧~q]	~[(p∧q)∧~q]
참	참	참	거짓	거짓	참
참	거짓	거짓	참	거짓	참
거짓	참	거짓	거짓	거짓	참
거짓	거짓	거짓	참	거짓	참

> 정의 1.8 명제 $p \rightarrow q$가 항진 명제이면 $p \rightarrow q$를 **함의**(implication)라 부르고 $p \Rightarrow q$로 표기하고 "p는 q를 함의한다(p implies q)"라고 읽는다. 서술문 $p \leftrightarrow q$가 항진명제이면 $p \leftrightarrow q$를 **동치**(equivalence)라 하며 $p \Leftrightarrow q$로 표기하고 "p는 q와 동치하다(p is equivalent to q)"라고 읽는다. $p \Rightarrow q$일 때 p를 q가 되기 위한 **충분조건**(sufficient condition)이라 하고 q를 p가 되기 위한 **필요조건**(necessary)이라 한다. 필요조건과 충분조건이 동시에 성립할 때 **필요 충분 조건**(necessry and sufficient condition)이라 한다.

예제 1.8 (1) $x=3 \Rightarrow x^2=9$이다. 그러므로 $x=3$은 $x^2=9$의 충분조건이고 $x^2=9$는 $x=3$의 필요조건이다.

(2) $x=3$ 또는 $x=-3 \Leftrightarrow x^2=9$이다. 그러므로 $x=3$ 또는 $x=-3$은 $x^2=9$의 필요 충분 조건이고 $x^2=9$는 $x=3$ 또는 $x=-3$의 필요 충분 조건이다.

수학에서 참인 명제를 **정리**(theorem)라 부르고 그 정리가 옳다는 것을 보이는 것을 증명(proof)이라 한다.

> 정의 1.9 "$P \Leftrightarrow Q$"이기 위한 필요 충분 조건은 "P와 Q는 같은 진리값을 갖는다"이다.

증명 이명 $P \Leftrightarrow Q$라고 가정하자. 그러면 $P \leftrightarrow Q$가 항진 명제이다. 정의 1.6의 진리표에 의하면 P와 Q가 같이 참이거나 또는 P와 Q가 같이 거짓이다. 그러므로 P와 Q는 같은 진리값을 갖는다.

P와 Q가 같은 진리값을 갖는다고 가정하자. 그러면 P와 Q가 같이 참이거나 또는 P와 Q가 같이 거짓이다. 이 두 경우 모두 $P \leftrightarrow Q$가 항진 명제가 된다. 그러므로 $P \Leftrightarrow Q$이다. ■

정리 1.9에 의하면 $p \Leftrightarrow q$와 $p \equiv q$는 같은 의미이다. 그러므로 $\Leftrightarrow$와 $\equiv$는 같은 곳에 교환하여 쓰일 수 있다.

> 정리 1.10 p와 q를 명제라 하면 다음의 식들이 성립한다.
>
> (1) $p \Rightarrow p \vee q$
>
> (2) $p \wedge q \Rightarrow p$, $p \wedge q \Rightarrow q$ (단순화 법칙)
>
> (3) $(p \vee q) \wedge \sim p \Rightarrow q$

증명 (1) 앞의 정의 1.5로부터 $p \to (p \vee q) \equiv \sim[p \wedge \sim(p \vee q)]$이다.

이명 그러므로

p	q	$p \vee q$	$\sim(p \vee q)$	$p \wedge \sim(p \vee q)$	$\sim[p \wedge \sim(p \vee q)] \equiv p \to (p \vee q)$
참	참	참	거짓	거짓	참
참	거짓	참	거짓	거짓	참
거짓	참	참	거짓	거짓	참
거짓	거짓	거짓	참	거짓	참

위의 표로부터 모든 경우에 대하여 $p \to (p \vee q)$가 참임을 알 수 있다. 그러므로 $p \Rightarrow (p \vee q)$이다.

(2) 앞의 정의 1.5로부터 $(p \wedge q \to p) \equiv \sim[(p \wedge q) \wedge \sim p]$이다. 그러므로

p	q	$p \wedge q$	$\sim p$	$(p \wedge q) \wedge \sim p$	$\sim[(p \wedge q) \wedge \sim p] \equiv p \wedge q \to p$
참	참	참	거짓	거짓	참
참	거짓	거짓	거짓	거짓	참
거짓	참	거짓	참	거짓	참
거짓	거짓	거짓	참	거짓	참

모든 경우에 대해서 $p \wedge q \to p$가 참이므로 $p \wedge q \Rightarrow p$이다. $p \wedge q \Rightarrow q$의 증명은 $p \wedge q \Rightarrow p$의 증명과 유사하여 생략한다.

(3) 앞의 정의 1.5로부터 $[(p \vee q) \wedge \sim p \to q] \equiv \sim[((p \vee q) \wedge \sim p) \wedge \sim q]$이다.

p	q	$p \vee q$	$\sim p$	$(p \vee q) \wedge \sim p$	$\sim q$	$\sim[((p \vee q) \wedge \sim p) \wedge \sim q]$
참	참	참	거짓	거짓	거짓	참
참	거짓	참	거짓	거짓	참	참
거짓	참	참	참	참	거짓	참
거짓	거짓	거짓	참	거짓	참	참

위 표로부터 $(p \vee q) \wedge \sim p \Rightarrow q$이다. ▩

정리 1.11 p와 q를 명제라 하면 다음의 식들이 성립한다.

(1) $\sim(\sim p) \equiv p$ (이중 부정)

(2) $p \wedge q \equiv q \wedge p$, $p \vee q \equiv q \vee p$ (교환 법칙)

(3) $p \wedge p \equiv p$, $p \vee p \equiv p$

증명 (1) $\sim(\sim p) \equiv p$와 $\sim(\sim p) \Leftrightarrow p$는 같으므로 $\sim(\sim p) \Leftrightarrow p$만 증명하면 된
이명 다.

p	~p	~(~p)	~(~p)→p	p→~(~p)	~(~p)↔p
참	거짓	참	참	참	참
거짓	참	거짓	참	참	참

앞의 표로부터 $\sim(\sim p) \Leftrightarrow p$가 성립된다.

(2) $p \wedge q \equiv q \wedge p$와 $p \wedge q \Leftrightarrow q \wedge p$는 같다.

p	q	p∧q	q∧p	p∧q→q∧p	p∧q→ q∧p	p∧q↔q∧p
참	참	참	참	참	참	참
참	거짓	거짓	거짓	참	참	참
거짓	참	거짓	거짓	참	참	참
거짓	거짓	거짓	거짓	참	참	참

위 표로부터 $p \wedge q \Leftrightarrow q \wedge p$가 성립된다. 똑같은 방법으로 $p \vee q \Leftrightarrow q \vee p$도 성립된다.

(3) (2)와 같은 방법으로 증명된다. ■

정리 1.12 (대우의 법칙) : $(p \rightarrow q) \equiv (\sim q \rightarrow \sim p)$

증명 $(p \rightarrow q) \equiv (\sim q \rightarrow \sim p)$와 $(p \rightarrow q) \Leftrightarrow (\sim q \rightarrow \sim p)$는 같으므로 $(p \rightarrow q)$
이명

$\Leftrightarrow$ $(\sim q \rightarrow \sim p)$만 증명하면 된다.

p	q	$\sim p$	$\sim q$	$p \rightarrow q$	$\sim q \rightarrow \sim p$	$(p \rightarrow q) \leftrightarrow (\sim q \rightarrow \sim p)$
참	참	거짓	거짓	참	참	참
참	거짓	거짓	참	거짓	거짓	참
거짓	참	참	거짓	참	참	참
거짓	거짓	참	참	참	참	참

위 표로부터 $(p \rightarrow q) \Leftrightarrow (\sim q \rightarrow \sim p)$가 성립한다. ■

정리 1.13 (드 모르간의 법칙)

(1) $\sim(p \wedge q) \equiv \sim p \vee \sim q$ (2) $\sim(p \vee q) \equiv \sim p \wedge \sim q$

증명 (1) $\sim(p \wedge q) \equiv \sim p \vee \sim q$ 와 $\sim(p \wedge q) \Leftrightarrow \sim p \vee \sim q$는 같으므로 $\sim(p \wedge q)$ $\Leftrightarrow$ $\sim p \vee \sim q$만 증명하면 된다.

이명

p	q	$\sim p$	$\sim q$	$p \wedge q$	$\sim(p \wedge q)$	$\sim p \vee \sim q$	$\sim(p \wedge q) \leftrightarrow \sim p \vee \sim q$
참	참	거짓	거짓	참	거짓	거짓	참
참	거짓	거짓	참	거짓	참	참	참
거짓	참	참	거짓	거짓	참	참	참
거짓	거짓	참	참	거짓	참	참	참

위 표로부터 $\sim(p \wedge q) \Leftrightarrow \sim p \vee \sim q$가 성립한다.

(2) (1)과 같은 방법으로 증명된다. ■

정리 1.14 p, q, r을 서술문이라 하면 다음 식이 성립한다.

(1) 결합법칙 : $(p \wedge q) \wedge r \equiv p \wedge (q \wedge r)$

$(p \vee q) \vee r \equiv p \vee (q \vee r)$

(2) 분배법칙 : $p \wedge (q \vee r) \equiv (p \wedge q) \vee (p \wedge r)$

$p \vee (q \wedge r) \equiv (p \vee q) \wedge (p \vee r)$

(3) 추이법칙 : $(p \rightarrow q) \wedge (q \rightarrow r) \Rightarrow (p \rightarrow r)$

(4) $(p \rightarrow q) \wedge (r \rightarrow s) \Rightarrow (p \vee r) \rightarrow (q \vee s)$

$(p \rightarrow q) \wedge (r \rightarrow s) \Rightarrow (p \wedge r) \rightarrow (q \wedge s)$

증명 앞과 같은 방법으로 증명한다. ■

이명

정리 1.15 p와 q를 명제라 하면 다음식이 성립한다.

(1) 모더스 포넨스(Modus Ponens) : $(p \rightarrow q) \wedge p \Rightarrow q$

(2) 모더스 톨렌스(Modus Tollens) : $(p \rightarrow q) \wedge \sim q \Rightarrow \sim p$

(3) $(p \rightarrow q) \Leftrightarrow (p \wedge \sim q \rightarrow q \wedge \sim q)$

증명 (1)

이명

p	q	p→q	(p→q)∧p	(p→q)∧p → q
참	참	참	참	참
참	거짓	거짓	거짓	참
거짓	참	참	거짓	참
거짓	거짓	참	거짓	참

그러므로 $(p \rightarrow q) \wedge p \Rightarrow q$가 성립한다.

(2) (1)과 같은 방법으로 증명된다.

(3) (1)과 같은 방법으로 증명된다. ■

연습문제 (1.2)

1. $(p \wedge p) \equiv p$와 $(p \vee p) \equiv p$임을 증명하라.

2. $\sim(p \vee q) \equiv \sim p \wedge \sim q$임을 증명하라.

3. $p \wedge (q \vee r) \equiv (p \wedge q) \vee (p \wedge r)$과 $p \vee (q \wedge r) \equiv (p \vee q) \wedge (p \vee r)$을 증명하라.

4. $(p \rightarrow q) \wedge (q \wedge r) \Rightarrow (p \rightarrow r)$을 증명하라.

5. $(p \rightarrow q) \wedge \sim q \Rightarrow \sim p$와 $(p \rightarrow q) \Leftrightarrow (p \wedge \sim q \rightarrow q \wedge \sim q)$임을 증명하라.

6. $p \wedge (p \vee r) \equiv p$와 $p \vee (p \wedge q) \equiv p$를 증명하라.

7. p와 q를 다음과 같다고 하고 p가 q의 충분조건, 필요조건, 필요충분조건 중 어떠한 조건인지 판별하라.
   (1) $p : x > 3$ $q : x > 5$
   (2) $p : x > 3$ $q : x > 1$
   (3) $p : x + 1 = 7$ $q : x - 3 = 0$
   (4) $p : x^2 = 25$ $q : x = 5$
   (5) $p : x = 5$ $q : x^2 = 25$

1.3 모 순(Contradiction)

> **정의 1.16** 어떤 명제의 모든 경우의 진리값이 거짓일 때 그 명제를 **모순 명제**(contradiction)라고 부른다.

예제 1.9 $p \wedge \sim p$는 모순 명제이다.

증명 이명 p가 참이면 $\sim p$는 거짓이 되어 $p \wedge \sim p$는 거짓이다. p가 거짓이면 $\sim p$는 참이 되어 $p \wedge \sim p$는 거짓이다. 모든 경우에 $p \wedge \sim p$가 거짓이다. 그러므로 $p \wedge \sim p$는 모순이다. ■

> **정리 1.17** t를 항진명제, c를 모순 명제, p를 임의의 명제라 하면 다음이 성립한다.
>
> (1) $p \wedge t \Leftrightarrow p$, $p \vee t \Leftrightarrow t$
>
> (2) $p \vee c \Leftrightarrow p$, $p \wedge c \Leftrightarrow c$
>
> (3) $c \Rightarrow p$, $p \Rightarrow t$

증명 이명 (1)

p	c	$p \vee c$	$p \to p \vee c$	$p \vee c \to p$	$p \leftrightarrow p \vee c$
참	거짓	참	참	참	참
거짓	거짓	거짓	참	참	참

위의 표에 의하여 $p \wedge t \Leftrightarrow p$가 증명된다. 같은 방법으로 $p \vee t \Leftrightarrow t$도 증명된다.

(2)

p	c	$p \vee c$	$p \to p \vee c$	$p \vee c \to p$	$p \leftrightarrow p \vee c$
참	거짓	참	참	참	참
거짓	거짓	거짓	참	참	참

위의 표에 의해서 p $\Leftrightarrow$ p$\vee$c가 증명된다. 같은 방법으로 p$\wedge$c $\Leftrightarrow$ c도 증명된다.

(3)

c	p	c → p
거짓	참	참
거짓	거짓	참

위의 표에 의해서 c $\Rightarrow$ p가 증명된다. 같은 방법으로 p$\Rightarrow$t도 증명된다. ■

연습문제 (1.3)

1. t를 항진 명제, c를 모순 명제, p를 임의의 명제라 할 때 다음을 증명하라.
   (1) p$\vee$t $\Leftrightarrow$ t　　(2) p$\wedge$c $\Leftrightarrow$ c　　(3) p$\Rightarrow$ t

2. c를 모순문, p, q를 임의의 명제라 할 때, (p$\wedge$~q → c) $\Leftrightarrow$ (p → q)를 증명하라.

3. t를 항진 명제, c를 모순 명제라 할 때 다음을 증명하라.
   (1) ~t $\Leftrightarrow$ c　　(2) ~c $\Leftrightarrow$ t

1.4 **연역적 추론**(Deductive Reasoning)

> 정의 1.18 공리(axiom), 정의, 증명된 정리, 추론의 규칙(rule of inference) 등을 이용하여 연역적으로 어떤 사실을 증명하는 방법을 **연역적 추론**(deductive reasoning)이라 한다.

예제 1.10 $(p \rightarrow q) \equiv (\sim q \rightarrow \sim p)$를 연역적 추론으로 증명하라.

증명

$(p \rightarrow q)$	$\equiv \sim(p \wedge \sim q)$	(정의)
	$\equiv \sim(\sim q \wedge p)$	(교환법칙)
	$\equiv \sim[\sim q \wedge \sim(\sim p)]$	(이중부정)
	$\equiv (\sim q \rightarrow \sim p)$	(정의)

추이 법칙(transitive law)에 의해 $(p \rightarrow q) \equiv (\sim q \rightarrow \sim p)$가 증명된다. ■

예제 1.11 $(p \wedge q \rightarrow r) \equiv [p \rightarrow (q \rightarrow r)]$을 연역적 추론 방법으로 증명하라.

증명

$[p \rightarrow (q \rightarrow r)]$	$\equiv [p \rightarrow \sim(q \wedge \sim r)]$	(정의)
	$\equiv \sim[p \wedge \sim(\sim(q \wedge \sim r))]$	(정의)
	$\equiv \sim[(p \wedge (q \wedge \sim r)]$	(이중부정)
	$\equiv \sim[(p \wedge q) \wedge \sim r]$	(결합법칙)
	$\equiv (p \wedge q) \rightarrow r$	(정의)

전이 법칙에 의해 $(p \wedge q \rightarrow r) \equiv [p \rightarrow (q \rightarrow r)]$이 증명된다. ■

일반적으로 어떤 사실은 연역적 추론 방법에 의해 증명하는 것이 진리표(truth table)를 만들어 증명하는 것보다 훨씬 간단하다.

정의 1.19 조건 명제 $p \to q$에서 p를 가정(hypothesis)이라 하고 q를 결론(conclusion)이라 한다. 이 경우 $\sim p \to \sim q$를 $p \to q$의 **이**(reverse)라고 하고, $q \to p$를 $p \to q$의 **역**(inverse)이라 하며, $\sim q \to \sim p$를 $p \to q$의 **대우**(contraposi tion)라 한다.

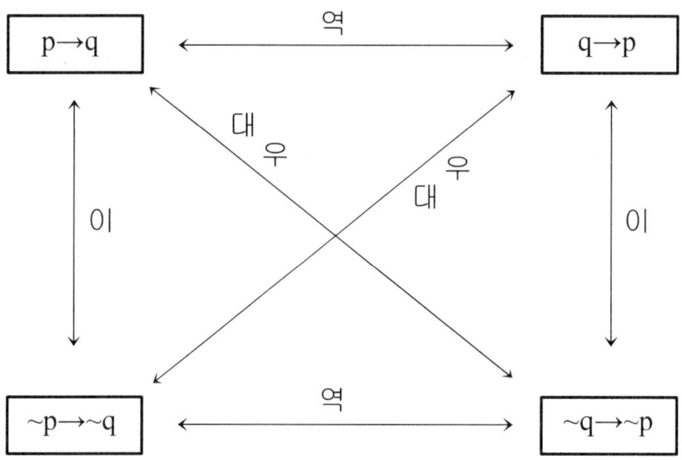

연습문제 (1.4)

1. $(p \vee q) \wedge \sim p \Rightarrow q$를 연역적 추론 방법으로 증명하라.

2. $(p \to r) \vee (q \to s) \equiv (p \wedge q \to r \vee s)$를 연역적 추론 방법으로 증명하라.

3. 모더스 포넨스 : $p \wedge (p \to q) \Rightarrow q$를 연역적 추론 방법으로 증명하라.

4. 모더스 톨렌스 : $\sim q \wedge (p \to q) \Rightarrow \sim p$를 연역적 추론 방법으로 증명하라.

5. 다음 명제의 이, 역, 대우를 구하여라.
   (1) 호랑이는 동물이다.
   (2) $x \geq 5$이면 $x^2 \geq 9$이다.

1.5 한정 기호(Quantifier)

> 정의 1.20 "모든 x에 대하여(for every x)"를 기호 "$\forall$ x"로 나타내며 기호 $\forall$를 **전칭 기호**(universal quantifier)라 부른다. 여기서 "모든 x에 대하여(for every x)"는 "임의의 x에 대하여(for arbitrary x)" 또는 "전부의 x에 대하여(for all x)"와 똑같은 의미이다.

예제 1.12 "$\forall$ x$\in\mathbb{R}$, f(x) = 3"은 "$\mathbb{R}$에 속한 모든 x에 대하여 f(x) = 3이다(for every x$\in\mathbb{R}$, f(x) = 3)"이라는 의미이다. 또는 "$\mathbb{R}$에 속한 임의의 x에 대하여 f(x) = 3이다(for arbitrary x$\in\mathbb{R}$, f(x) = 3)"라는 의미나 "$\mathbb{R}$에 속한 전부의 x에 대하여 f(x) = 3이다(for all x$\in\mathbb{R}$, f(x) = 3)"이라는 의미로 볼 수 있다.

> 정의 1.21 "적어도 하나의 x가 존재한다"를 기호 "$\exists$ x"로 나타내며 $\exists$를 **존재 기호**(existential quantifier)라 부른다. 여기서 "적어도 하나의 x가 존재한다"는 "어떤 x에 대하여(for some)"와 같은 의미이다.

예제 1.13 "$\exists$ x$\in\mathbb{R}$, $x^3+2x^2-7x=5$"은 "$x^3+2x^2-7x=5$을 만족하는 x$\in\mathbb{R}$가 적어도 하나 존재한다(there exists at least one x$\in\mathbb{R}$ such that $x^3+2x^2-7x=5$)"라는 의미이다. 또는 "어떤 x$\in\mathbb{R}$에 대하여, $x^3+2x^2-7x=5$이다($x^3+2x^2-7x=5$ for some x$\in\mathbb{R}$)"라는 의미이다.

> 정의 1.22 p(x)를 변수 x에 대한 명제 함수라 하자. 한정 기호 부정의 규칙을 다음과 같이 정의한다.
>
> $$\sim[\forall\ x,\ p(x)]\equiv\exists\ x,\ \sim p(x)$$
> $$\sim[\exists\ x,\ p(x)]\equiv\forall\ x,\ \sim p(x)$$

예제 1.14 "$x^3 + 2x^2 - 7x = 5$을 만족하는 $x \in \mathbb{R}$가 적어도 하나 존재한다"라는 명제의 부정 명제를 구하여라.

(**풀이**) 정의 1.22에 의하여

$$\begin{aligned} &\sim[\exists\ x \in \mathbb{R},\ x^3 + 2x^2 - 7x = 5] \\ &\equiv \forall\ x \in \mathbb{R},\ \sim(x^3 + 2x^2 - 7x = 5) \\ &\equiv \forall\ x \in \mathbb{R},\ x^3 + 2x^2 - 7x \neq 5 \end{aligned}$$

가 된다. 그러므로 부정 명제는 "모든 $x \in \mathbb{R}$에 대하여, $x^3+2x^2-7x \neq 5$이다"가 된다. ■

예제 1.15 "$\mathbb{R}$에 속한 모든 x에 대하여 $f(x) = 3$이다"라는 명제의 부정 명제를 구하여라.

(**풀이**) 정의 1.20에 의하여

$$\begin{aligned} &\sim[\forall\ x \in \mathbb{R},\ f(x) = 3] \\ &\equiv\ \exists\ x \in \mathbb{R},\ f(x) \neq 3 \end{aligned}$$

그러므로 부정 명제는 "$f(x) \neq 3$을 만족하는 $x \in \mathbb{R}$가 적어도 하나 존재한다"가 된다. ■

연습문제 (1.5)

1. 다음 명제의 부정 명제를 구하여라.
   (1) 모든 실수 x에 대하여 $x+2 \geq 0$이다.
   (2) $f(x) < 5$를 만족하는 실수 x가 적어도 하나 존재한다.
   (3) 모든 꽃은 향기가 있다.

2. $X=\{1, 2, 3\}$일 때 다음 명제의 진리값을 구하여라.
   (1) $\forall\ x \in X,\ x-1 > 1$
   (2) $\forall\ x \in X,\ x+2 > 2$
   (3) $\exists\ x \in X,\ x-1 > 1$
   (4) $\exists\ x \in X,\ x-1 = 5$
   (5) $\exists\ x \in X,\ x-1 > 3$

3. 다음 명제를 한정 기호를 이용하여 나타내어라.
   (1) 모든 실수 x에 대하여, $x+1 > 3$이다.
   (2) $x^2+2x=-1$을 만족하는 실수 x가 적어도 하나 존재한다.
   (3) $f(x) < 5$를 만족하는 실수 x가 적어도 하나 존재한다.

1.6 논 증(Arguments)

> **정의 1.23** 가정들(hypotheses) 또는 전제 조건들(premises)로부터 결론(conclusion)을 유도하는 과정을 **논증**(argument)이라 한다. 가정들 또는 전제 조건들이 결론을 함의(implication)할 때, 즉 [가정들 또는 전제 조건들]⇒[결론]일 때, 논증이 **유효하다**(valid)고 한다.

예제 1.16 "철수가 열심히 공부하면 철수는 좋은 성적을 받는다. 철수는 좋은 성적을 받지 못했다. 그러므로 철수는 열심히 공부하지 않았다"를 논증하여 유효한지 판별하라.

증명 명제 S와 G를 다음과 같다고 하자.
이명

S : 철수가 열심히 공부한다.

G : 철수는 좋은 성적을 받는다.

1. $S \rightarrow G$	[가정]
2. $\sim G$ / $\therefore \sim S$	[가정/결론]
3. $(S \rightarrow G) \wedge (\sim G)$	[1, 2]
4 $\sim S$	[3, 모더스 톨렌스(정리 1.15)]

4에서 원하는 결론 $\sim S$가 나왔으므로 논증이 유효하다. ■

예제 1.17 "철수가 대전에 가거나 또는 영희가 부산에 가면, 동수는 광주에 간다. 철수가 대전에 갔거나 또는 영희와 민정이가 부산에 갔다. 그러므로 철수가 대전에 갔거나 또는 동수가 광주에 갔다."를 논증하여 유효한지 판별하라.

증명 명제 C, Y, D, M을 다음과 같다고 하자.
이명

C : 철수가 대전에 간다.

Y : 영희가 부산에 간다.

D : 동수가 광주에 간다.

M : 민정이가 부산에 간다.

1. $(C \vee Y) \rightarrow D$ [가정]
2. $C \vee (Y \wedge M)$ / $\therefore$ $C \vee D$ [가정/결론]
3. $(C \vee Y) \wedge (C \vee M)$ [2, 분배법칙]
4. $C \vee Y$ [3]
5. D [1, 4, 모더스 포넨스(정리 1.15)]
6. $D \vee C$ [5, 정리 1.10 (1)]
7. $C \vee D$ [6, 교환 법칙]

7에서 원하는 결론 $C \vee D$가 나왔으므로 논증이 유효하다. ■

결론을 부정하여 모순을 이끌어 내는 증명 방법을 **간접 증명법**(indirect proof)이라 한다.

예제 1.18 다음을 간접 증명법으로 논증하라.

$p \vee q \rightarrow r$

$s \rightarrow p \wedge u$

$q \vee s$ / $\therefore$ r

증명

1. $p \vee q \rightarrow r$
2. $s \rightarrow p \wedge u$
3. $q \vee s$ / $\therefore$ r
4. $\sim r$ [간접 증명]
5. $\sim(p \vee q)$ [1, 4, 모더스 톨렌스(정리 1.15)]
6. $\sim p \wedge \sim q$ [5, 드모르간 법칙]
7. $\sim p$ [6]
8. $\sim q$ [6]
9. s [3, 8, 정리 1.10 (3)]

10. $p \wedge u$ [2, 9, 모더스 포넨스]
11. p [10]
12. $p \wedge \sim p$ [7, 11]

12의 $p \wedge \sim p$가 모순이 되어 간접 증명이 된다. ■

연습문제 (1.6)

1. "철수 또는 동수가 승리하면, 영희와 민정이는 기쁘다. 민정이는 기뻐하지 않았다. 그러므로 동수는 이기지 않았다."를 논증하여 유효한지 판별하라.

2. 다음을 논증하여 유효한지 판별하라.

$A \vee (B \wedge C)$

$B \rightarrow D$

$C \rightarrow E$

$D \wedge E \rightarrow A \vee C$

$\sim A \ / \ \therefore\ C$

3. 다음을 논증하여 유효한지 판별하라.

$B \vee (C \rightarrow E)$

$B \rightarrow D$

$\sim D \rightarrow (E \rightarrow A)$

$\sim D \ / \ \therefore\ C \rightarrow A$

1.7 수학적 귀납법

> 정의 1.24 p(n)을 자연수 n에 대한 명제라 하자. p(1)이 참이고, 임의의 자연수 k에 대하여 p(k)가 성립됨을 가정했을 때, p(k+1)이 성립되면 자연수 n에 대하여 p(n)이 참이 성립되는 것을 **수학적 귀납법**이라 한다.

예제 1.19 모든 자연수 n에 대하여

$$1 \cdot 2 + 2 \cdot 3 + \cdots + r \cdot (r+1) + \cdots + n(n+1) = \frac{1}{3}n(n+1)(n+2)$$

가 성립되는 것을 수학적 귀납법으로 증명하라.

증명 $1(1+1) = \frac{1}{3} \cdot 1 \cdot (1+1) \cdot (1+2)$이 참이므로, p(1)이 참이다.

이명

p(k)가 성립된다고 가정하면

$$1 \cdot 2 + 2 \cdot 3 + \cdots + k(k+1) = \frac{1}{3}k(k+1)(k+2)$$

이 성립된다. 위의 식의 양쪽 변에 $(k+1)(k+2)$를 더하면

$$1 \cdot 2 + 2 \cdot 3 + \cdots + k(k+1) + (k+1)(k+2)$$

$$= \frac{1}{3}k(k+1)(k+2) + (k+1)(k+2)$$

이다. 위의 식을 정리하면

$$1 \cdot 2 + \cdots + k(k+1) + (k+1)(k+2)$$

$$= (k+1)(k+2)\left(\frac{1}{3}k + 1\right) = \frac{1}{3}(k+1)(k+2)(k+3)$$

이다. 그러므로 $p(k+1)$이 성립한다.

수학적 귀납법에 의해 모든 자연수 n에 대하여 p(n)이 성립한다. ■

예제 1.20 모든 자연수 n에 대하여

$$\sim(p_1 \wedge p_2 \wedge \cdots \wedge p_n) \Leftrightarrow \sim p_1 \vee \sim p_2 \vee \cdots \vee \sim p_n$$

이 성립됨을 수학적 귀납법으로 증명하라.

증명 분명히 p(1)이 참이다.

p(k)가 성립된다고 가정하면

$$\sim(p_1 \wedge p_2 \wedge \cdots \wedge p_k) \Leftrightarrow \sim p_1 \vee \sim p_2 \vee \cdots \vee \sim p_k$$

이다.

$$\begin{aligned}\sim(p_1 \wedge p_2 \wedge \cdots \wedge p_k \wedge p_{k+1}) &\equiv \sim((p_1 \wedge \cdots \wedge p_k) \wedge p_{k+1}) && \text{(결합법칙)} \\ &\equiv \sim(p_1 \wedge \cdots \wedge p_k) \vee \sim p_{k+1} && \text{(드모르간의 법칙)} \\ &\equiv \sim p_1 \vee \cdots \vee \sim p_k \vee \sim p_{k+1} && \text{(가정)}\end{aligned}$$

전이 법칙에 의해

$$\sim(p_1 \wedge p_2 \wedge \cdots \wedge p_k \wedge p_{k+1}) \equiv \sim p_1 \vee \cdots \vee \sim p_k \vee \sim p_{k+1}$$

이다. ≡와 ⇔는 같으므로 p(k + 1)이 성립한다.

수학적 귀납법에 의해 모든 자연수 n에 대하여 p(n)이 성립한다. ■

연습문제 (1.7)

1. 모든 자연수 n에 대하여

$$1 + 2 + \cdots + n = \frac{n(n+1)}{2}$$

이 성립함을 수학적 귀납법으로 증명하라.

2. 모든 자연수 n에 대하여

$$1^2 + 2^2 + 3^2 + \cdots + n^2 = \frac{1}{6}n(n+1)(2n+1)$$

이 성립함을 수학적 귀납법으로 증명하라.

3. 모든 자연수 n에 대하여

$$\sim(p_1 \vee p_2 \vee \cdots \vee p_n) \Leftrightarrow \sim p_1 \wedge \sim p_2 \wedge \cdots \wedge \sim p_n$$

이 성립됨을 수학적 귀납법으로 증명하라.

2
집 합

2.1 집합과 부분집합

> 정의 2.1 확정되어 있으며 서로 구별할 수 있는 것들의 모임을 **집합**(set)이라 하고, 집합을 구성하고 있는 개개의 대상을 그 집합의 **원소**(element)라고 한다. 일반적으로 집합을 표시할 때 영어의 대문자를 쓰고 원소를 표시할 때는 영어의 소문자를 쓴다. a가 집합 A의 원소일 때 a는 A에 속한다고 하고 $a \in A$로 표시하고 a가 A의 원소가 아닐 때 a는 A에 속하지 않는다고 하고 $a \notin A$로 표시한다.

주의 : a가 집합 A의 원소일 때, a와 {a}는 다르다. 즉 {a}는 원소 a 하나만으로 구성되는 집합이고 a는 원소 그 자체이다.

> 정의 2.2 하나의 원소만으로 구성된 집합을 **단원 집합**(singleton set)이라 하고 원소를 하나도 갖고 있지 않은 집합을 **공집합**(empty set)이라 한다. 공집합은 $\varnothing$로 표시한다.

정의 2.3 집합 A의 임의의 원소 x가 집합 B의 원소일 때, 즉 $x \in A$인 임의의 x에 대하여 $x \in B$이면 A를 B의 **부분집합**(subset)이라 하고 $A \subseteq B$로 표시한다. 즉

$$A \subseteq B \equiv (\forall x)\ [(x \in A) \rightarrow (x \in B)]$$

이다. $A \subseteq B$이고 $A \neq B$일 때 A를 B의 **진부분 집합**(proper subset)이라 하고 $A \subset B$로 표시한다.

정의 2.4 집합 A, B가 $A \subseteq B$이고 $B \subseteq A$일 때, 즉 $x \in A$인 임의의 원소 x에 대하여 $x \in B$이고 또한 $x \in B$인 임의의 원소 x에 대하여 $x \in A$일 때, A와 B는 같다고 하며 A=B로 표시한다. 즉

$$A = B \equiv (\forall x),\ [(x \in A) \leftrightarrow (x \in B)]$$

이다.

정리 2.5 $A \subseteq B$이고 $B \subseteq C$이면 $A \subseteq C$이다.

증명 x를 A의 임의의 원소라 하자, 즉 $x \in A$라 하자.
$A \subseteq B$이므로 $x \in B$. $x \in B$이고 $B \subseteq C$이므로 $x \in C$.
즉 $x \in A \Rightarrow x \in C$. 그러므로 $A \subseteq C$가 된다. ■

집합의 표시법으로는 원소 나열법과 조건 제시법이 있는데 **원소 나열법**은 원소가 a, b, c, d, …인 집합을 A라 하면

$$A = \{a, b, c, d, \cdots\}$$

로 표시하는 방법이며 **조건 제시법**은 조건 p(x)를 만족하는 원소 x의 집합을

B라 하면

$$B = \{x : p(x)\}$$

로 표시하는 방법이다.

예제 2.1 A={1, 2, 3, 4, 5}는 원소 나열법의 집합이고 B={x : 1≤x≤5이고 x는 자연수}는 조건 제시법의 집합이다. 여기서 A = B, 즉 A와 B는 같은 집합이다.

> 정의 2.6 주어진 집합 A의 모든 부분 집합들을 원소로 갖는 집합을 A의 **멱집합**(power set of A)이라 하고 $\mathscr{P}(A)$로 표시한다.

예제 2.2 A = {a, b, c}라 하면 A의 멱집합 $\mathscr{P}(A)$는 다음과 같다.

$$\mathscr{P}(A) = \{\varnothing, \{a\}, \{b\}, \{c\}, \{a, b\}, \{a, c\}, \{b, c\}, \{a, b, c\}\}$$

> 정리 2.7 집합 X의 원소의 수가 n개라 하자. 그러면 집합 X의 모든 부분 집합의 수는 2^n이다. 즉 멱집합 $\mathscr{P}(A)$의 원소의 수는 2^n이다.

증명 원소의 수가 0개인 부분 집합의 수 : ${}_nC_0$개 (즉 공집합 1개)

이명 원소의 수가 1개인 부분 집합의 수 : ${}_nC_1$개

원소의 수가 2개인 부분 집합의 수 : ${}_nC_2$개

....

원소의 수가 n개인 부분 집합의 수 : ${}_nC_n$개

그러므로 모든 부분 집합의 개수는 ${}_nC_0 + {}_nC_1 + {}_nC_2 + \ldots\ldots + {}_nC_n = 2^n$개가 된다. ∎

예제 2.3 A = {책상, 연필, 지우개, 우산, 시계, 전화}라 하자.
집합 A의 모든 부분 집합들의 수, 즉 A의 멱집합의 원소들의 수는 정리 2.7에 의하여 $2^6 = 64$개가 된다.

정리 2.8 공집합은 모든 집합 X의 부분 집합이다.

증명 $x \in \varnothing$는 거짓이다. 그러므로 정의 1.5에 의하여
이명 $x \in \varnothing \rightarrow x \in X$는 참이다. 즉, $x \in \varnothing \Rightarrow x \in X$이다.
따라서 $\varnothing \subseteq X$이다. ■

앞으로 이 책에서 계속하여 많이 쓰일 집합들을 다음과 같은 기호로 표시한다.

$$\mathbb{R} = \{x : x\text{는 실수}\}$$
$$\mathbb{Q} = \{x : x\text{는 유리수}\}$$
$$\mathbb{Z} = \{x : x\text{는 정수}\}$$
$$\mathbb{N} = \{x : x\text{는 자연수}\}$$

연습문제 (2.1)

1. 집합 $\{a, \{b, c\}, d\}$의 모든 부분 집합을 구하여라.

2. 집합 $\{a, b, c, d, e\}$의 모든 부분 집합들의 개수를 구하여라.

3. 조건 제시법의 집합 $A = \{x \in \mathbb{N} : x^2 \leq 9\}$를 원소 나열법으로 표시하여라.

4. 원소 나열법의 집합 $B = \{1, 1/2, 1/3, 1/4, \ldots\ldots\}$를 조건 제시법으로 표시하여라.

5. $B \subseteq A$이고 $P(A : B) = \{X \in P(A) : B \subseteq X\}$라 하자.
   $A = \{a, b\}$이고 $B = \{1, 2, 3\}$일 때 $P(A : B)$를 구하여라. 여기서 $P(A)$는 A의 멱집합이다.

2.2 집합의 연산

정의 2..9 $A \cup B$로 표시되는 두 집합 A와 B의 **합집합**(union)은

$$A \cup B = \{x : x \in A \ \vee \ x \in B\}$$

로 정의되고 $A \cap B$로 표시되는 두 집합 A와 B의 **교집합**(intersection)은

$$A \cap B = \{x : x \in A \ \wedge \ x \in B\}$$

로 정의된다. A−B로 표시되는 두 집합 A와 B의 **차집합**(relative complement)은

$$A - B = \{x \in A : x \notin B\}$$

로 정의된다. U를 전체 집합이라 할 때, 차집합 U−A는 A^c으로 표시한다. 두 집합 A와 B가 $A \cap B = \varnothing$일 때 A와 B는 **서로소**(disjoint)라고 한다.

정리 2.10 X를 임의의 집합이라 하고 A, B, C를 X의 부분 집합들이라 하면 다음 식이 성립한다.

(1) $A \cup \varnothing = A$, $A \cap X = A$

(2) $A \cup A = A$, $A \cap A = A$

(3) $A \cup B = B \cup A$, $A \cap B = B \cap A$ (교환법칙)

(4) $A \cup (B \cup C) = (A \cup B) \cup C$, $A \cap (B \cap C) = (A \cap B) \cap C$ (결합법칙)

(5) $A \cap (B \cup C) = (A \cap B) \cup (A \cap C)$,
$A \cup (B \cap C) = (A \cup B) \cap (A \cup C)$ (분배법칙)

증명 (1) 정의 2.9에 의해, $x \in A \cup \varnothing \Leftrightarrow x \in A \ \vee \ x \in \varnothing$.
이명 공집합 $\varnothing$는 원소를 갖고 있지 않으므로,

$x \in A \vee x \in \varnothing \Leftrightarrow x \in A$. 그러므로 $x \in A \cup \varnothing \Leftrightarrow x \in A$.

정의 2.4에 의해 $A \cup \varnothing = A$.

정의 2.9에 의해 $x \in A \cap X \Leftrightarrow x \in A \wedge x \in X$.

$A \subseteq X$이므로 $x \in A \wedge x \in X \Leftrightarrow x \in A$.

그러므로 $x \in A \cap X \Leftrightarrow x \in A$.

정의 2.4에 의해 $A \cap X = A$.

(2) $x \in A \cup A \Leftrightarrow x \in A \vee x \in A$ (정의 2.9)

$\Leftrightarrow x \in A$ (정리 1.11(3))

정의 2.4에 의해 $A \cup A = A$.

$x \in A \cap A \Leftrightarrow x \in A \wedge x \in A$ (정의 2.9)

$\Leftrightarrow x \in A$

정의 2.4에 의해 $A \cap A = A$이다.

(3) $x \in A \cup B \Leftrightarrow x \in A \vee x \in B$ (정의 2.9)

$\Leftrightarrow x \in B \vee x \in A$ (정리 1.11(2))

$\Leftrightarrow x \in B \cup A$ (정의 2.9)

정의 2.4에 의해 $A \cup B = B \cup A$이다.

$x \in A \cap B \Leftrightarrow x \in A \wedge x \in B$ (정의 2.9)

$\Leftrightarrow x \in B \wedge x \in A$ (정리 1.11(2))

$\Leftrightarrow x \in B \cap A$ (정의 2.9)

정의 2.4에 의해 $A \cap B = B \cap A$이다.

(4) $x \in A \cup (B \cup C) \Leftrightarrow (x \in A) \vee (x \in B \cup C)$ (정의 2.9)

$\Leftrightarrow (x \in A) \vee (x \in B \vee x \in C)$ (정의 2.9)

$\Leftrightarrow (x \in A \vee x \in B) \vee (x \in C)$ (정리 1.14(1))

$\Leftrightarrow (x \in A \cup B) \vee (x \in C)$ (정의 2.9)

$\Leftrightarrow x \in (A \cup B) \cup C$ (정의 2.9)

정의 2.4에 의해 $A \cup (B \cup C) = (A \cup B) \cup C$이다.

이와 똑같은 방법으로 $A \cap (B \cap C) = (A \cap B) \cap C$도 증명된다.

(5) $x \in [A \cap (B \cup C)] \Leftrightarrow (x \in A) \wedge (x \in B \cup C)$ (정의 2.9)

$\Leftrightarrow (x \in A) \wedge (x \in B \vee x \in C)$ (정의 2.9)

$\Leftrightarrow (x \in A \wedge x \in B) \vee (x \in A \wedge x \in C)$(정리 1.14(2))

$\Leftrightarrow (x \in A \cap B) \vee (x \in A \cap C)$ (정의 2.9)

$\Leftrightarrow x \in [(A \cap B) \cup (A \cap C)]$ (정의 2.9)

정의 2.4에 의해 $A \cap (B \cup C) = (A \cap B) \cup (A \cap C)$이다.

이와 똑같은 방법으로 $A \cup (B \cap C) = (A \cup B) \cap (A \cup C)$도 증명된다. ■

> 정리 2.11 U를 전체집합 A, B를 U의 부분집합들이라 할 때 다음이 성립된다.
>
> (1) $A - B = A \cap B^C$
>
> (2) $(A^C)^C = A$
>
> (3) $U^C = \varnothing$, $\varnothing^C = U$
>
> (4) $A \cap A^C = \varnothing$, $A \cup A^C = U$
>
> (5) $A \subseteq B \Leftrightarrow B^C \subseteq A^C$

증명 (1) $x \in A - B \equiv (x \in A) \wedge (x \notin B)$ (정의 2.9)

이명

$\equiv (x \in A \cap U) \wedge (x \notin B)$ (정리 2.10(1))

$\equiv (x \in A \wedge x \in U) \wedge (x \notin B)$ (정의 2.9)

$\equiv (x \in A) \wedge (x \in U \wedge x \notin B)$ (정리 1.14(1))

$\equiv (x \in A) \wedge (x \in U - B)$ (정의 2.9)

$\equiv (x \in A) \wedge (x \in B^C)$ (정의 2.9)

$\equiv x \in A \cap B^C$ (정의 2.9)

정의 2.4에 의해 $A - B = A \cap B^C$가 된다.

(2) $x \in (A^C)^C \Leftrightarrow x \in U - A^C$ (정의 2.9)

$\Leftrightarrow x \in U \wedge x \notin A^C$ (정의 2.9)

$\Leftrightarrow x \in U \wedge \sim[x \in A^C]$ (정의 2.1)

$\Leftrightarrow x \in U \wedge \sim[x \in U \wedge x \notin A]$ (정의 2.9)

$\Leftrightarrow x \in U \wedge \sim[x \in U \wedge \sim(x \in A)]$ (정의 2.1)

$\Leftrightarrow x \in U \wedge [x \notin U \vee \sim(\sim(x \in A))]$ (정리 1.13(1))

$\Leftrightarrow x \in U \wedge [x \notin U \vee x \in A]$ (정리 1.11(1))

$\Leftrightarrow (x \in U \wedge x \notin U) \vee (x \in U \wedge x \in A)$ (정리 1.14(2))

$\Leftrightarrow x \in U \wedge x \in A$ (정리 1.17(2))

$\Leftrightarrow x \in U \cap A$ (정의 2.9)

$\Leftrightarrow x \in A$ (정리 2.10(1))

정의 2.4에 의해 $(A^C)^C = A$이다.

(3) $x \in U^C \equiv x \in U \cap U^C$

$\equiv x \in U - U$

$\equiv x \in \varnothing$

정의 2.4에 의해 $U^C = \varnothing$가 된다.

정리 2.11 (2)에 의해 $(U^C)^C = U$.

$U^C = \varnothing$이므로 $\varnothing^C = U$가 된다.

(4) 정리 2.11 (1)에 의해 $A \cap A^C = A - A = \varnothing$가 된다.

$x \in U \equiv x \in A \vee x \notin A$

$\equiv x \in A \vee x \in A^C$

$\equiv x \in A \cup A^C$ (정의 2.9)

정의 2.4에 의해 $U = A \cup A^C$가 된다.

(5) $A \subseteq B \equiv [x \in A \rightarrow x \in B]$ (정의 2.3)

$\equiv [x \notin B \rightarrow x \notin A]$ (정의 1.12)

$\equiv [x \in B^C \rightarrow x \in A^C]$ (정의 2.9)

$\equiv B^C \subseteq A^C$ ■

정리 2.12 (드모르간의 법칙) A, B를 임의의 두 집합이라 하면 다음이 성립한다.

(1) $(A \cup B)^C = A^C \cap B^C$ (2) $(A \cap B)^C = A^C \cup B^C$

증명 (1) $x \in (A \cup B)^C \equiv \sim[x \in A \cup B]$ (정의 2.9)

$\equiv \sim[x \in A \lor x \in B]$ (정의 2.9)

$\equiv \sim(x \in A) \land \sim(x \in B)$ (정의 1.13)

$\equiv x \notin A \land x \notin B$ (정의 2.1)

$\equiv x \in A^C \land x \in B^C$ (정의 2.9)

$\equiv x \in A^C \cap B^C$

정의 2.4에 의해 $(A \cup B)^C = A^C \cap B^C$가 된다.

(2) $x \in (A \cap B)^C \equiv x \notin A \cap B$ (정의 2.9)

$\equiv \sim[x \in A \cap B]$ (정의 2.1)

$\equiv \sim[x \in A \land x \in B]$ (정의 2.9)

$\equiv \sim(x \in A) \lor \sim(x \in B)$ (정리 1.13)

$\equiv x \notin A \lor x \notin B$ (정의 2.1)

$\equiv x \in A^C \lor x \in B^C$ (정의 2.9)

$\equiv x \in A^C \cup B^C$ (정의 2.9)

정의 2.4에 의해 $(A \cap B)^C = A^C \cup B^C$가 된다. ■

정리 2.13 A와 B를 집합이라 하면 다음이 성립한다.

(1) $A \subseteq A \cup B$, $B \subseteq A \cup B$

(2) $A \cap B \subseteq A$, $A \cap B \subseteq B$

증명 (1) 정리 1.10 (1)에 의해,

$x \in A \Rightarrow x \in A \lor x \in B \Rightarrow x \in A \cup B$.

그러므로 $A \subseteq A \cup B$.

$B \subseteq A \cup B$도 같은 방법으로 증명한다.

(2) 정리 1.10 (2)에 의해,

$x \in A \cap B \Rightarrow x \in A \wedge x \in B \Rightarrow x \in A.$

그러므로 $A \cap B \subseteq A$.

$A \cap B \subseteq B$도 같은 방법으로 증명한다. ■

정리 2.14 A와 B를 집합이라 하면 다음이 성립한다.

(1) $A \subseteq B \Leftrightarrow A \cup B = B$

(2) $A \subseteq B \Leftrightarrow A \cap B = A$

증명 (1) $A \subseteq B$라 가정하자.

이명

$x \in A \cup B \Rightarrow x \in A \vee x \in B \Rightarrow x \in B \vee x \in B \Rightarrow x \in B$

그러므로 $A \cup B \subseteq B$. $B \subseteq A \cup B$이므로 $A \cup B = B$.

$A \cup B = B$라 가정하자.

$$x \in A \Rightarrow x \in A \vee x \in B \Rightarrow x \in A \cup B \Rightarrow x \in B.$$

그러므로 $A \subseteq B$.

(2) $A \subseteq B$라 가정하자.

$$x \in A \Rightarrow x \in A \wedge x \in A \Rightarrow x \in A \wedge x \in B \Rightarrow x \in A \cap B$$

그러므로 $A \subseteq A \cap B$. $A \cap B \subseteq A$이므로 $A \cap B = A$.

$A \cap B = A$라 가정하자.

정리 1.10 (2)에 의해, $x \in A \Leftrightarrow x \in A \wedge x \in B \Rightarrow x \in B$.

그러므로 $A \subseteq B$. ■

정리 2.15 A와 B를 집합이라 하자. $A \subseteq B$의 필요 충분 조건은 $B^c \subseteq A^c$이다.

증명 $A \subseteq B$라 전제하자.

$x \in B^c$라 하자. 그러면 $x \notin B$. $x \in A$라 하면 $A \subseteq B$이므로 $x \in B$가 되어 모순이 일어난다. 그러므로 $x \notin A$이다. 즉, $x \in A^c$이다.

따라서 $B^c \subseteq A^c$이다

$B^c \subseteq A^c$라 전제하자. $x \in A$라 하자. $x \in B^c$라 하면 $B^c \subseteq A^c$이므로 $x \in A^c$가 되어 모순이 일어난다. 그러므로 $x \in B$이다. 따라서 $A \subseteq B$이다. ■

정리 2.16 A, B를 집합이라 하면

$$(A-B) \cup (B-A) = (A \cup B) - (A \cap B)$$

이다.

증명
$$\begin{aligned}(A-B) \cup (B-A) &= (A \cap B^c) \cup (B \cap A^c) \\ &= [A \cup (B \cap A^c)] \cap [B^c \cup (B \cap A^c)] \\ &= [(A \cup B) \cap (A \cup A^c)] \cap [(B^c \cup B) \cap (B^c \cup A^c)] \\ &= [(A \cup B)] \cap [(B^c \cup A^c)] \\ &= [(A \cup B)] \cap [(B \cap A)^c] \\ &= (A \cup B) - (B \cap A) \\ &= (A \cup B) - (A \cap B)\end{aligned}$$
■

정리 2.17 A, B를 집합이라 하자. $A \subseteq B$이면 $\wp(A) \subseteq \wp(B)$이다.

증명 $C \in \wp(A)$라 하자. 그러면 $C \subseteq A$이다. $A \subseteq B$이므로 $C \subseteq B$이다. 그러므로 $C \in \wp(B)$이다. 따라서 $\wp(A) \subseteq \wp(B)$이다. ■

연습문제 (2.2)

1. X를 임의의 집합이라 하고 A, B, C를 X의 부분집합들이라 할 때 다음을 증명하여라.
   (1) $A \cap (B \cap C) = (A \cap B) \cap C$ (2) $A \cup (B \cup C) = (A \cup B) \cup (A \cup C)$

2. A, B, C, D를 집합이라 하자. $A \subseteq C$이고 $B \subseteq D$이면 $A \cap B \subseteq C \cap D$를 증명하라.

3. A, B, C를 집합들이라 할 때 $A \cap (B - C) = (A \cap B) - (A \cap C)$를 증명하여라.

4. A, B를 집합들이라 할 때 $A - B = A - (B \cap A)$를 증명하라.

5. A, B를 집합이라 할 때, $B \subseteq A^C \Leftrightarrow A \cap B = \varnothing$임을 증명하라.

6. A, B, C를 임의의 집합들이라 할 때 $(A - C) \cup (B - C) = (A \cup B) - C$임을 증명하라.

7. A, B를 집합이라 하고 $\mathscr{P}(A)$를 A의 멱집합, $\mathscr{P}(B)$를 B의 멱집합이라 하자. $\mathscr{P}(A) \cap \mathscr{P}(B) = \mathscr{P}(A \cap B)$를 증명하라.

8. A, B를 집합이라 하고 $\mathscr{P}(A)$를 A의 멱집합, $\mathscr{P}(B)$를 B의 멱집합이라 하자. $\mathscr{P}(A) \cup \mathscr{P}(B) = \mathscr{P}(A \cup B)$를 증명하라.

9. A, B를 집합이라 하자. $(A \cup B) \cap (A \cup B^c) = A$를 증명하라.

10. A, B를 집합이라 할 때 $B \subseteq A \cup B$와 $A \cap B \subseteq B$를 증명하라.

11. A, B를 집합이라 할 때 다음을 증명하라.
    (1) $A \cup (A \cap B) = A$ (2) $A \cap (A \cup B) = A$

2.3 벤 다이어그램(Venn Diagram)

집합 연산의 이해를 돕기 위하여 집합 연산의 과정을 그림으로 나타내는 벤 다이어그램이 도입되었다. 벤 다이어그램에서는 보통 전체 집합 U를 직사각형으로 나타내고 집합들을 원으로 나타낸다.

예제 2.4 전체 집합 U의 두 부분 집합 A와 B의 합집합 A∪B와 교집합 A∩B를 벤 다이어그램으로 나타내면 다음과 같다. 아래 그림에서 A와 B는 각기 한쪽 방향으로 빗금친 원들이고 두 방향의 빗금 친 부분은 A∩B이고 모든 빗금 친 부분은 A∪B이다.

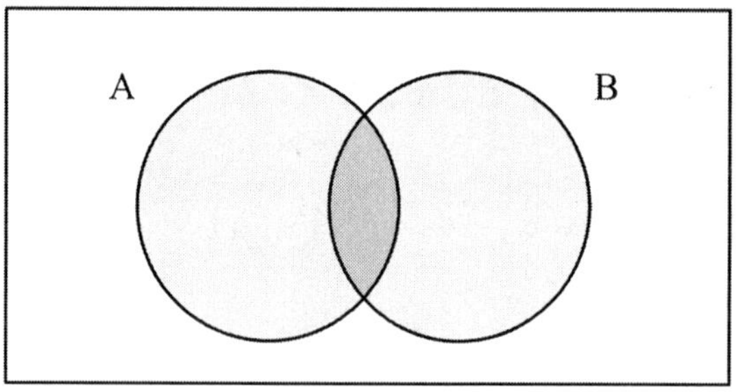

예제 2.5 다음 그림은 A^c의 벤 다이어그램을 나타낸다. 즉, 원 밖의 빗금 친 부분이 A^c을 나타낸다.

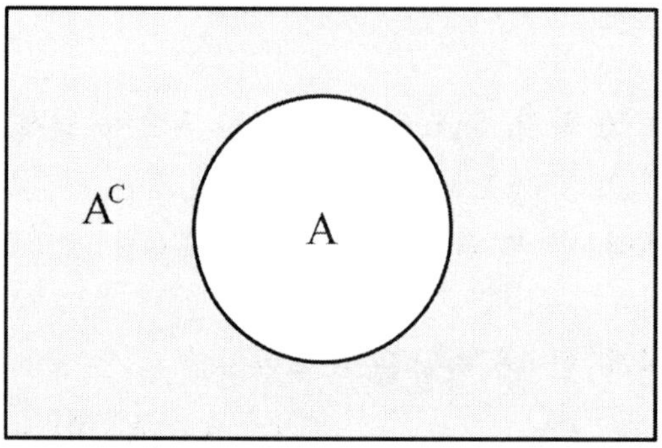

예제 2.6 U가 전체 집합이고 A와 B가 U의 부분 집합들이라 할 때 A-B를 벤 다이어그램으로 나타내면 다음과 같다. 즉, 아래 그림에서 빗금친 부분이 A-B를 나타낸다.

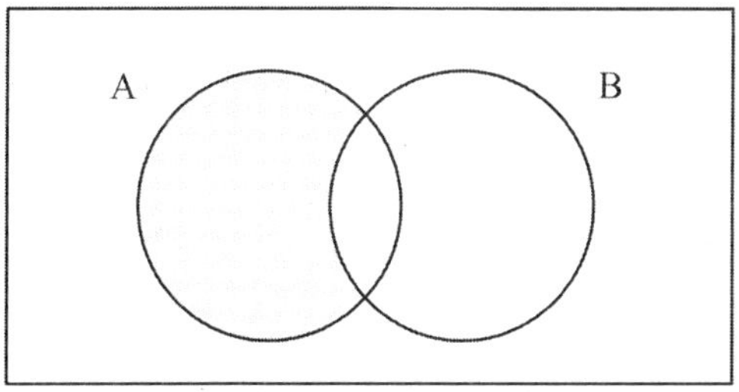

예제 2.7 A∪(B∩C) = (A∪B)∩(A∪C)를 벤 다이어그램으로 그려보면 아래와 같다. 세 개의 원 안의 지역이 7개로 나누어지는데 각 부분을 아래 그림과 같이 1, 2, 3, 4, 5, 6, 7로 표시하였다. 그러면 B∪C부분은 {2, 3, 4, 5, 6, 7}이고 A부분은 {1, 2, 4, 5}가 되어 A∩(B∪C)가 {2, 4, 5}가 된다. A∩B부분은 {2, 5}이고 A∩C부분은 {4, 5}가 되어 (A∩B)∪(A∩C)부분이 {2, 4, 5}가 된다. 그러므로 A∩(B∪C)를 나타내는 지역과 (A∩B)∪(A∩C)를 나타내는 지역이 같은 것을 알 수 있다.

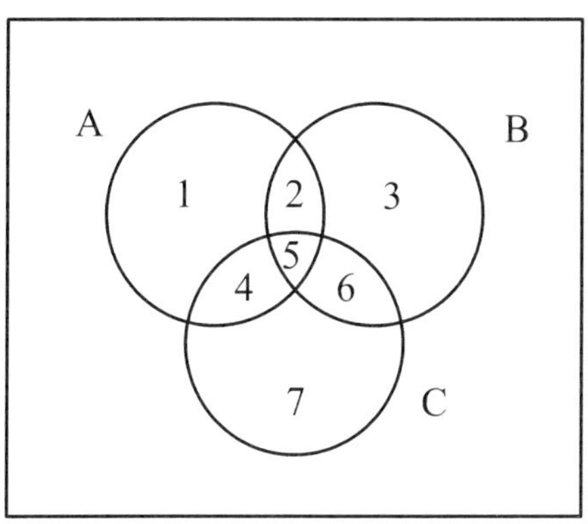

벤 다이어그램은 집합 연산의 이해를 돕기 위한 것이지 **증명으로는 인정되지 않으니** 주의할 필요가 있다.

연습문제 (2.3)

1. $A \cap (B \cup C) = (A \cap B) \cup (A \cap C)$를 벤 다이어그램으로 확인하여 보아라.

2. $(A \cup B)^c = A^c \cap B^c$를 벤 다이어그램으로 확인하여 보아라.

3. $(A \cap B)^c = A^c \cup B^c$를 벤 다이어그램으로 확인하여 보아라.

4. $A \cup (A \cap B) = A$를 벤 다이어그램으로 확인하여 보아라.

5. $A - B = A - (B \cap A)$를 벤 다이어그램으로 확인하여 보아라.

3
함 수

3.1 함 수 (Functions)

정의 3.1　X와 Y를 집합이라 하자. X에서 Y로의 관계 f가

(1) f의 정의역이 X이다.

(2) $(x, y) \in f$이고 $(x, z) \in f$이면, $y = z$ (즉, $f(x)=y$이고 $f(x)=z$이면, $y=z$)

의 두 조건을 만족할 때 f를 **함수**(function)라 한다. 즉, X의 각 원소에 Y의 원소가 하나씩 대응할 때 이 대응을 X에서 Y로의 함수라 하고 문자 f를 써서 $f : X \to Y$로 나타낸다. 함수 f에 의해 X의 원소 x에 Y의 원소 y가 대응하는 것은 $f(x) = y$로 표시한다. 이때 X를 f의 **정의역**(domain)이라 부르고, Y를 f의 **공역**(range)이라 부르고, $\{f(x) : x \in X\}$를 f의 **치역**이라 부른다. $y = f(x)$일 때 y를 x의 **상**(image)이라 하고 x를 y의 **원상**(preimage)이라 한다.

예제 3.1　$f : \mathbb{R} \to \mathbb{R}$를 $f(x) = 2x2-3$으로 정의되는 함수라 하자. 그러면 f의 정의역은 $\mathbb{R}$, f의 공역은 $\mathbb{R}$, f의 치역은 $\{y : y \geq -3\}$이다. $f(3) = 15$이므로

15는 함수 f에 의한 3의 상이고 3은 함수 f에 의한 15의 원상이다.

예제 3.2 $X = \{x, y, z\}$, $Y = \{1, 2, 3\}$이라 하고 $f = \{(x, 2), (y, 1), (z, 3)\}$, $h = \{(x, 1), (x, 2), (y, 3), (z, 2)\}$라 하자. 그러면 f는 X에서 Y로의 함수이다. $(x, 1) \in h$, $(x, 2) \in h$이고 $1 \neq 2$이므로 h는 X에서 Y로의 함수가 아니다.

정의 3.2 (i) $I_X(x) = x$로 정의되는 함수 $I_X : X \to X$를 X에서의 **항등 함수**(identity function)라 한다.

(ii) 모든 x에 대하여 $f(x) = c$로 정의되는 함수 $f : X \to Y$를 **상수 함수**(constant function)라 한다.

(iii) B를 집합 X의 공집합이 아닌 부분 집합이라 하자. 모든 x에 대하여 $i(x) = x$로 정의되는 함수 $i : B \to X$를 **포함 함수**(inclusion function)라 한다.

(iv) X를 공집합이 아닌 집합이라 하고 $A \subseteq X$라 하자. $x \in A$일 때 $\chi_A(x) = 1$이고 $x \in X - A$일 때 $\chi_A(x) = 0$으로 정의되는 함수 $\chi_A : X \to \{0, 1\}$를 **특성 함수**(characteristic function)라 한다.

정리 3.3 $f : X \to Y$를 함수라 하고 집합 W가 f의 치역을 포함한다 하자. 그러면 $f : X \to W$도 함수이다.

증명 (i) $(x, y) \in f \Rightarrow x \in X \wedge y \in \{f(x) : x \in X\}$

이명 $\Rightarrow x \in X \wedge y \in W$

$\Rightarrow (x, y) \in X \times W$

그러므로 $f \subseteq X \times W$. 즉 f는 X에서 W로의 관계이다.

(ii) $(x, y) \in f$와 $(x, z) \in f$라고 가정하자. f가 함수이므로 $y = z$이다.

(i)과 (ii)로부터 f는 함수이다. ■

> **정리 3.4** $f:X\to Y$와 $h:X\to Y$를 함수라 하자. 그러면
>
> $$f=h \Leftrightarrow \forall x,\ f(x)=h(x).$$

증명 $f=h$라 가정하자.

$$\begin{aligned} y=f(x) &\Leftrightarrow (x,\ y)\in f \\ &\Leftrightarrow (x,\ y)\in h \\ &\Leftrightarrow h(x)=y \end{aligned}$$

그러므로 $f(x)=h(x)$이다.

$\forall x,\ f(x)=h(x)$라 가정하자.

$$\begin{aligned} (x,\ y)\in f &\Leftrightarrow y=f(x) \\ &\Leftrightarrow y=h(x) \\ &\Leftrightarrow (x,\ y)\in h \end{aligned}$$

그러므로 $f=h$. ■

> **정리 3.5** $f: A\to C$와 $h: B\to D$를 모든 $x\in A\cap B$에 대하여 $f(x)=h(x)$를 만족하는 함수들이라 하자. 그러면 $x\in A$일 때 $k(x)=f(x)$이고 $x\in B$일 때 $k(x)=h(x)$로 $k=f\cup h: A\cup B\to C\cup D$를 정의하면 k는 함수이다.

증명 (i) $f: A\to C$와 $h: B\to D$가 함수이므로 $f\subseteq A\times C$이고 $h\subseteq B\times D$이다. $A\times C\subseteq(A\cup B)\times(C\cup D)$이고 $B\times D\subseteq(A\cup B)\times(C\cup D)$이므로,

$$k=f\cup h\subseteq(A\times C)\cup(B\times D)\subseteq(A\cup B)\times(C\cup D).$$

따라서 k는 $\mathrm{Dom}(k)=A\cup B$인 $A\cup B$에서 $C\cup D$로의 관계이다.

(ii) $(x,\ y)\in k$이고 $(x,\ z)\in k$라고 가정하자.

$x\in A-B$인 경우

$(x,\ y)\in f$이고 $(x,\ z)\in f$이다. f가 함수이므로 $y=z$이다.

$x\in B-A$인 경우

(x, y)∈h이고 (x, z)∈h이다. h가 함수이므로 y = z이다.

x∈A∩B인 경우

(x, y)∈f = h이고 (x, z)∈f = h이다. f가 함수이므로 y = z이다.

(i), (ii)에 의하여 k는 함수이다. ■

> 정의 3.6 $f : X \to Y$를 함수, A를 X의 부분 집합, B를 Y의 부분 집합이라 하자. 집합 $f(A) = \{f(x) : x \in A\}$를 함수 f에 의한 A의 **상**(image)이라 하고 $f^{-1}(B) = \{x : f(x) \in B\}$를 함수 f에 의한 B의 **역상**(inverse image)이라고 한다.

예제 3.3 $f : \mathbb{R} \to \mathbb{R}$를 $f(x) = 3x-7$로 정의되는 함수라 하자. $A = (3, 5)$라 하면 $f(A) = (2, 8)$이다. $B = (5, 8)$라 하면 $f^{-1}(B) = (4, 5)$이다.

> 정의 3.7 (i) $f : X \to Y$를 함수라 하고 $A \subseteq X$라 하자. 모든 $x \in A$에 대하여 $f|_A(x) = f(x)$로 정의되는 함수 $f|_A : A \to Y$를 f의 **축소된 함수**(restricted function)라 한다.
>
> (ii) $f : B \to Y$를 함수라 하고 $B \subseteq X$라 하자. 모든 $x \in B$에 대하여 $h(x) = f(x)$로 정의되는 함수 $h : X \to Y$를 f의 **확대 함수**(extension)라 한다.

예제 3.4 $f : [0, \infty) \to \mathbb{R}$를 $f(x) = x+1$로 정의되는 함수라 하고 $h : \mathbb{R} \to \mathbb{R}$를 $x \in [0, \infty)$일 때 $h(x) = f(x)$, $x \in (-\infty, 0)$일 때 $h(x) = x-1$로 정의되는 함수라 하자. $A = [1, 3]$일 때 축소된 함수 $f|_A$와 확대 함수 h의 그래프를 f의 그래프와 비교하면 다음과 같다.

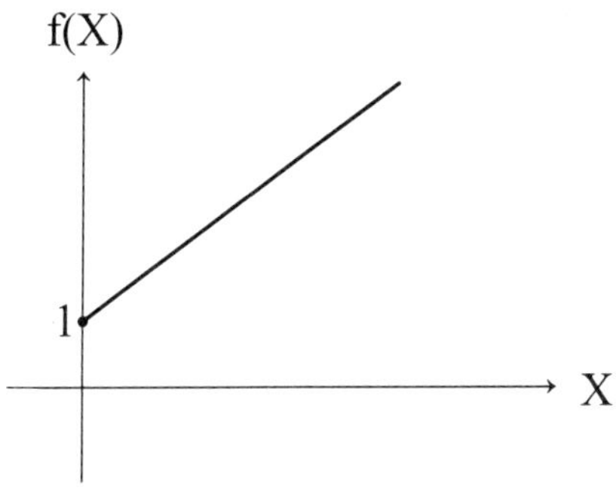

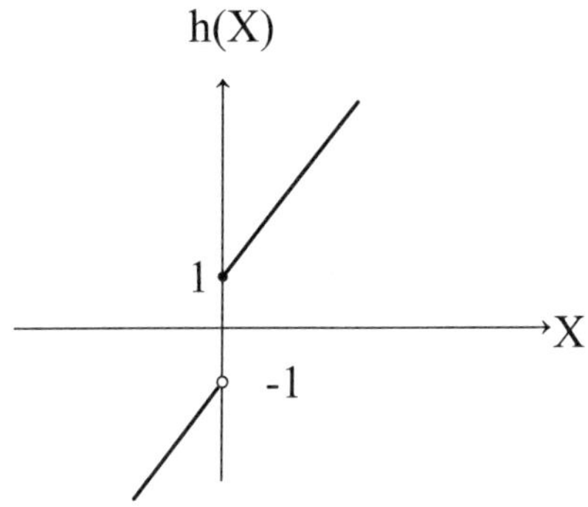

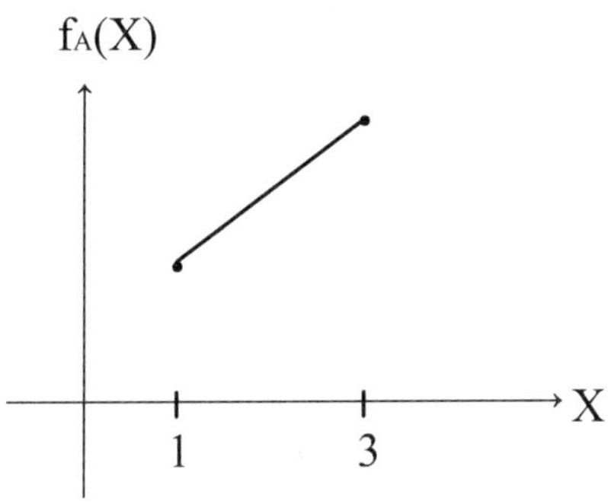

> **정리 3.8** $f : X \to Y$를 함수라 하고, $\{A_i : i \in I\}$를 X의 부분 집합들의 집합이라 하면 다음이 성립한다.
>
> (1) $f(\bigcup_{i \in I} A_i) = \bigcup_{i \in I} f(A_i)$
>
> (2) $f(\bigcap_{i \in I} A_i) \subseteq \bigcap_{i \in I} f(A_i)$

증명 (1) $y \in f(\bigcup_{i \in I} A_i) \Leftrightarrow \exists\ x \in \bigcup_{i \in I} A_i,\ y = f(x)$

이명

$$\Leftrightarrow \exists\ i \in I,\ x \in A_i \wedge y = f(x)$$

$$\Leftrightarrow \exists\ i \in I,\ y = f(x) \in f(A_i)$$

$$\Leftrightarrow y \in \bigcup_{i \in I} f(A_i)$$

그러므로 $f(\bigcup_{i \in I} A_i) = \bigcup_{i \in I} f(A_i)$이다.

(2) 모든 $i \in I$에 대하여 $\bigcap_{i\in I} A_i \subseteq A_i$이므로,
모든 $i \in I$에 대하여 $f(\bigcap_{i\in I} A_i) \subseteq f(A_i)$이다.
그러므로 $f(\bigcap_{i\in I} A_i) \subseteq \bigcap_{i\in I} f(A_i)$이다. ■

예제 3.5 $f : [0, 3] \to [0, 3]$를 $f(x) = 2$인 함수라 하고 $A = [0, 1]$, $B = [2, 3]$이라 하자. 그러면 $f(A \cap B) = \varnothing$이고 $f(A) \cap f(B) = \{2\}$가 되어 $f(A \cap B) \neq f(A) \cap f(B)$가 된다. 이 예가 위의 정리 4.8 (2)에서 =가 성립되지 않는 예이다.

> 정리 3.9 $f : X \to Y$를 함수라 하고, $\{B_i : i \in I\}$를 Y의 부분 집합들의 집합이라 하면 다음이 성립한다.
> (1) $f^{-1}(\bigcup_{i\in I} B_i) = \bigcup_{i\in I} f^{-1}(B_i)$
> (2) $f^{-1}(\bigcap_{i\in I} B_i) = \bigcap_{i\in I} f^{-1}(B_i)$

증명 (1) $x \in f^{-1}(\bigcup_{i\in I} B_i) \Leftrightarrow f(x) \in \bigcup_{i\in I} B_i$
이명

$$\Leftrightarrow \exists\ i \in I,\ f(x) \in B_i$$
$$\Leftrightarrow \exists\ i \in I,\ x \in f^{-1}(B_i)$$
$$\Leftrightarrow x \in \bigcup_{i\in I} f^{-1}(B_i)$$

그러므로 $f^{-1}(\bigcup_{i\in I} B_i) = \bigcup_{i\in I} f^{-1}(B_i)$이다.

(2) $x \in f^{-1}(\bigcap_{i\in I} B_i) \Leftrightarrow f(x) \in \bigcap_{i\in I} B_i$

$$\Leftrightarrow \forall\ i \in I,\ f(x) \in B_i$$
$$\Leftrightarrow \forall\ i \in I,\ x \in f^{-1}(B_i)$$
$$\Leftrightarrow x \in \bigcap_{i\in I} f^{-1}(B_i)$$

그러므로 $f^{-1}(\bigcap_{i\in I} B_i) = \bigcap_{i\in I} f^{-1}(B_i)$이다. ■

> 정리 3.10 $f : X \to Y$를 함수라 하고 B, C를 Y의 부분집합들이라 하자.
> 그러면 $f^{-1}(B-C) = f^{-1}(B) - f^{-1}(C)$

증명 $x \in f^{-1}(B-C) \Leftrightarrow f(x) \in B-C$
이명

$\Leftrightarrow f(x) \in B \wedge f(x) \not\in C$

$\Leftrightarrow x \in f^{-1}(B) \wedge x \not\in f^{-1}(C)$

$\Leftrightarrow x \in [f^{-1}(B) - f^{-1}(C)]$

그러므로 $f^{-1}(B-C) = f^{-1}(B) - f^{-1}(C)$가 된다. ▩

정리 3.11 $f : X \to Y$를 함수라 하고 $A, B \subseteq X$라 하면 $f(A) - f(B) \subseteq f(A - B)$이다.

증명 이명 $y \in f(A) - f(B)$라 하자. $y \in f(A)$이고 $y \not\in f(B)$이다. $y = f(x)$이고 $x \not\in B$인 $x \in A$가 존재한다. 즉, $y = f(x)$를 만족하는 $x \in A-B$가 존재한다. 그러므로 $y = f(x) \in f(A-B)$.

따라서 $f(A) - f(B) \subseteq f(A - B)$. ▩

정리 3.12 $f : X \to Y$를 함수라 하고 $A \subseteq X$, $B \subseteq Y$라 하자.

(1) f가 단사이면 $A = f^{-1}(f(A))$

(2) f가 전사이면 $f(f^{-1}(B)) = B$

증명 이명 (1) $a \in A$라 하자.

$f(a) \in f(A)$이므로 $a \in f^{-1}(f(A))$.

따라서 $A \subseteq f^{-1}(f(A))$.

$p \in f^{-1}(f(A))$라 하자.

$f(p) \in f(A)$이므로 $f(p) = f(r)$을 만족하는 $r \in A$가 존재한다.

f가 단사이므로 $p = r$. 즉, $p \in A$.

따라서 $f^{-1}(f(A)) \subseteq A$

(2) $b \in f(f^{-1}(B))$라 하자.

f가 전사이므로 $f(c) = b$를 만족하는 $c \in f^{-1}(B)$가 존재한다.

그러므로 $b = f(c) \in B$.

따라서 $f(f^{-1}(B)) \subseteq B$.

$p \in B$라 하자.

f가 전사이므로 $f(r) = p$를 만족하는 $r \in f^{-1}(B)$가 존재한다.

$p = f(r) \in f(f^{-1}(B))$.

따라서 $B \subseteq f(f^{-1}(B))$. ■

연습문제 (3.1)

1. $f : \mathbb{R} \to \mathbb{R}$를 $f(x) = x^2$로 정의되는 함수라 할 때 f의 정의역, 공역, 치역을 구하여라.

2. $f : \mathbb{R} \to \mathbb{R}$를 $f(x) = x + 2$로 정의되는 함수라 할 때
   (1) f에 의한 (1, 2)의 상을 구하여라.
   (2) f에 의한 [1, 3]의 역상을 구하여라.

3. X를 원소의 수가 p개인 집합이고 Y를 원소의 수가 r개인 집합이라 하자. X에서 Y로 가는 함수가 몇 개 존재하는지 구하여라.

4. $f : X \to X$를 함수라 하자. f가 X에서의 반사 관계일 때 f를 구하여라.

5. X와 Y를 집합이라 하자. $X \subseteq Y$이고 $f = \{(x, x) : x \in X\}$일 때 $f : X \to Y$가 함수임을 증명하라.

6. $f : X \to Y$와 $h : X \to Y$를 정의역과 공역이 같은 함수들이라고 하자. $f \subseteq h$이면 $f = h$임을 증명하라.

7. $f : X \to Y$를 함수라 하고 $A \subseteq X$, $B \subseteq Y$라 하자. 다음을 증명하라.
   (1) $A \subseteq f^{-1}(f(A))$ (2) $f(f^{-1}(B)) \subseteq B$

8. $f : X \to Y$를 함수라 하고 $A \subseteq X$, $B \subseteq Y$라 하자.
   (1) $A = f^{-1}(f(A))$가 되지 않는 예를 들어라.
   (2) $f(f^{-1}(B)) = B$가 되지 않는 예를 들어라.

9. $f : X \to Y$를 함수라 하고 $A \subseteq X$, $B \subseteq Y$라 할 때 다음을 증명하라.
   (1) $f(A \cap f^{-1}(B)) = f(A) \cap B$
   (2) $f(f^{-1}(B)) = f(x) \cap B$

10. $f : X \to Y$를 $f(X) = Y$를 만족하는 함수라 하고 $B \subseteq Y$, $C \subseteq Y$라 하자.
    $f^{-1}(B) = f^{-1}(C)$이면 $B = C$임을 증명하라.

11. $f : X \to Y$를 함수라 하고 $B \subseteq Y$라 하자.
    $f^{-1}(Y - B) = X - f^{-1}(B)$를 증명하라.

3.2 단사 함수, 전사 함수, 전단사 함수와 함수의 합성

> 정의 3.13 함수 $f : X \to Y$가 $f(x_1) = f(x_2)$이면 $x_1 = x_2$가 되는 성질을 만족할 때 f를 **일대일**(one-to-one) 또는 **단사**(injective)라고 한다. 단사인 함수를 **단사함수**(injection)라고 부른다. 함수 $g : X \to Y$가 Y의 임의의 원소 y에 대하여 $g(x) = y$를 만족하는 x가 X안에 원소로 존재할 때 g를 **전사**(surjective) 또는 **위로**(onto)라 하며 전사인 함수를 **전사 함수**(surjection)라 한다. 함수 $h : X \to Y$가 단사이고 전사일 때 h를 **전단사**(bijective)라고 부른다. 전단사인 함수를 **전단사 함수**(bijection) 또는 **일대일 대응**(one-to-one correspondence)이라고 한다.

예제 3.6 $f : \mathbb{R} \to \mathbb{R}$를 $f(x) = x - 2$로 정의되는 함수라 하면 f는 전단사 함수이다. $h : \mathbb{R} \to [-1, 1]$를 $h(x) = \sin x$로 정의되는 함수라 하면 h는 전사 함수이지만 단사 함수는 아니다.

> 정리 3.14 $f : X \to Y$를 함수라 하자. 다음 두 명제는 동치이다.
> (1) f는 전사 함수이다.
> (2) $f(X) = Y$

증명 f를 전사 함수라 가정하자. $y \in Y$라 하자. f가 전사이므로 $f(x) = y$인 $x \in X$가 존재한다. 그러므로 $y = f(x) \in f(X)$. 따라서 $Y \subseteq f(X)$이다. 명백히 $f(X) \subseteq Y$이다. 즉 $f(X) = Y$이다.

이명 $f(X) = Y$라 가정하자. 그러면 $Y \subseteq f(X)$이다. $y \in Y$라 하자. $y \in f(X)$이므로 $y = f(x)$를 만족하는 $x \in X$가 존재한다. 즉, 모든 $y \in Y$에 대하여 $y = f(x)$를 만족하는 $x \in X$가 존재한다. 따라서 f는 전사 함수이다. ■

예제 3.7 함수 $f : X\times Y \to X$를 $f(x, y) = x$로 정의된 함수라 하자. $f(X\times Y) = X$이므로 f는 전사 함수이다.

> 정리 3.15 $f : X \to Y$를 단사 함수라 하고, $\{A_i : i\in I\}$를 X의 부분 집합들의 집합이라 하면 $f(\bigcap_{i\in I} A_i) = \bigcap_{i\in I} f(A_i)$이 성립된다.

증명 $y\in \bigcap_{i\in I} f(A_i) \Leftrightarrow \forall\ i\in I,\ y\in f(A_i)$

이명 $\Leftrightarrow \forall\ i\in I,\ [\exists\ x_i\in A_i,\ y = f(x_i)]$

$\Leftrightarrow$ 모든 $i\in I$에 대하여, $\exists\ x_i\in A_i$ such that $y = f(x_i)$

f가 단사 함수이므로, 모든 $i\in I$에 대하여 존재하는 x_i들은 같게 되어 하나가 되므로 이것을 x^*로 나타내자. 그러면

$y\in \bigcap_{i\in I} f(A_i) \Leftrightarrow$ 모든 $I\in I$에 대하여, $\exists\ x^*\in A_i$ such that $y = f(x^*)$

$\Leftrightarrow \exists\ x^*\in \bigcap_{i\in I} A_i$ such that $y = f(x^*)$

$\Leftrightarrow y = f(x^*)\in f(\bigcap_{i\in I} A_i)$

그러므로 $f(\bigcap_{i\in I} A_i) = \bigcap_{i\in I} f(A_i)$이다. ■

> 정의 3.16 $f : X \to Y$를 전단사 함수라 하자. $f(x) = y$일 때, $f^{-1}(y) = x$로 정의되는 함수 $f^{-1} : Y \to X$를 f의 **역함수**(inverse function)라 한다.

예제 3.8 $f : \mathbb{R}\to\mathbb{R}$를 $f(x) = 2x + 9$로 정의되는 함수라 하자. f는 전단사 함수이다. $f^{-1}(x)$를 구하면 다음과 같다.

$y = 2x + 9$에서 x와 y를 바꾸면 $x = 2y + 9$이다. 이 식을 y에 대하여 풀면 $y = \dfrac{x-9}{2}$이다. 그러므로 $f^{-1}(x) = \dfrac{x-9}{2}$이다.

정리 3.17 $f : X \to Y$를 전단사 함수라 하면 $f^{-1} : Y \to X$도 전단사 함수이다.

증명 (i) $f^{-1}(y) = a$와 $f^{-1}(y) = b$라고 가정하자.
이명 그러면 $f(a) = y$이고 $f(b) = y$이다. 즉 $f(a) = f(b)$이다. f가 단사함수이므로 $a = b$이다. 따라서 f^{-1}는 함수이다.

(ii) $f^{-1}(c) = f^{-1}(d) = x$라고 가정하자. 그러면 $f(x) = c$이고 $f(x) = d$이다. 그러므로 $c = d$. 따라서 f^{-1}는 단사 함수이다.

(iii) f가 함수이므로, 모든 $x \in X$에 대하여 $f(x) = y$를 만족하는 유일한 $y \in Y$가 존재한다. 그러므로 모든 $x \in X$에 대하여 $x = f^{-1}(y)$를 만족하는 $y \in Y$가 존재한다. 따라서 f^{-1}는 전사 함수이다.

(i), (ii), (iii)에 의하여 f^{-1}는 전단사 함수이다. ■

정리 3.18 $f : X \to Y$와 $g : Y \to Z$를 함수라 하자. $(g \circ f)(x) = g(f(x))$로 정의된 함수 $g \circ f : X \to Z$를 함수 g와 f의 **합성 함수**라 부른다.

예제 3.9 $f : \mathbb{R} \to \mathbb{R}$를 $f(x) = x - 1$로 정의되고 $g : \mathbb{R} \to \mathbb{R}$를 $g(x) = x^2+1$로 정의된 함수들이라 하자. $(g \circ f)(x)$와 $(f \circ g)(x)$를 구하여라.

(풀이) $(g \circ f)(x) = g(f(x)) = g(x - 1) = (x - 1)^2 + 1$

$(f \circ g)(x) = f(g(x)) = f(x^2 + 1) = x^2 + 1 - 1 = x^2$ ■

정의 3.19 $f : X \to Y$, $g : Y \to Z$, $h : Z \to W$를 함수라 하자. 그러면 $(h \circ g) \circ f = h \circ (g \circ f)$이다.

증명 $[(h \circ g) \circ f](x) = (h \circ g)(f(x)) = h[g(f(x))]$.
이명 $[h \circ (g \circ f)](x) = h \circ [(g \circ f)(x)] = h[g(f(x))]$.

그러므로 $(h \circ g) \circ f = h \circ (g \circ f)$ ■

정리 3.20 $f : X \to Y$를 함수라 하자. 그러면 다음이 성립한다.

(1) $g \circ f$가 항등 함수 $I_X : X \to X$가 되는 함수 $g : Y \to X$가 존재하면 $f : X \to Y$는 단사 함수가 된다.

(2) $f \circ h$가 항등함수 $I_Y : Y \to Y$가 되는 함수 $h : Y \to X$가 존재하면 $f : X \to Y$는 전사 함수가 된다.

여기서 항등 함수(identity function) $I_X : X \to X$는 $I(x) = x$로 정의되는 함수이다.

증명 (1) $f(a) = f(b)$를 가정하자. 그러면

$$a = (g \circ f)(a) = g(f(a)) = g(f(b)) = (g \circ f)(b) = I_X(b) = b$$

그러므로 f가 단사 함수가 된다.

(2) $Y = I_Y(Y) = (f \circ h)(Y) = f(h(Y)) \subseteq f(X)$.

명백히 $f(X) \subseteq Y$. 그러므로 $f(X) = Y$.

정리 3.14에 의하여 f는 전사 함수이다. ■

정리 3.21 $f : X \to Y$와 $h : Y \to Z$를 전단사 함수라 하면 $(h \circ f)^{-1} = f^{-1} \circ h^{-1}$이 성립한다.

증명

$$\begin{aligned}(f^{-1} \circ h^{-1}) \circ (h \circ f) &= f^{-1} \circ (h^{-1} \circ (h \circ f)) \\ &= f^{-1} \circ ((h^{-1} \circ h) \circ f) \\ &= f^{-1} \circ (I_Y \circ f) = f^{-1} \circ f = I_x\end{aligned}$$

$$\begin{aligned}(h \circ f) \circ (f^{-1} \circ h^{-1}) &= h \circ (f \circ (f^{-1} \circ h^{-1})) \\ &= h \circ ((f \circ f^{-1}) \circ h^{-1}) \\ &= h \circ (I_Y \circ h^{-1}) = h \circ h^{-1} = I_Z\end{aligned}$$

$(h \circ f)^{-1} \circ (h \circ f) = I_X$이고 $(h \circ f) \circ (h \circ f)^{-1} = I_Z$이므로

$(h \circ f)^{-1} = f^{-1} \circ h^{-1}$이 성립한다. ■

> 정리 3.22 $f : X \to Y$와 $h : Y \to Z$를 함수라 하자.
> (1) $h \circ f$가 전사이면 f가 전사이다.
> (2) $h \circ f$가 단사이면 f가 단사이다.

증명 (1) $h \circ f$가 전사이므로 $(h \circ f)(X) = Z$. $h(f(X)) = Z$이므로 $f(X) = Y$이다.
즉, f가 전사이다.

(2) $f(a) = f(b)$라 하자.
그러면 $(h \circ f)(a) = (h \circ f)(b)$.
$h \circ f$가 단사이므로 $a = b$.
그러므로 f가 단사이다. ■

연습문제 (3.2)

1. $f : \mathbb{R} \to \mathbb{R}$를 $f(x) = 3x + 2$로 정의된 함수라 할 때 f가 전단사 함수임을 증명하라.

2. $f : \mathbb{R} \to \mathbb{R}$를 $f(x) = 2x - 5$로 정의된 함수라 할 때 f^{-1}을 구하여라.

3. $f : X \to Y$를 함수라 하고 $A \subseteq X$, $B \subseteq Y$라 할 때 다음을 증명하라.
   (1) f가 단사 함수이면 $f^{-1}(f(A)) = A$임을 증명하라.
   (2) f가 전사 함수이면 $f(f^{-1}(B)) = B$임을 증명하라.

4. $f : \mathbb{R} \to \mathbb{R}$를 $f(x) = 3x + 2$로, $g : \mathbb{R} \to \mathbb{R}$를 $g(x) = x^2 - 5$로 정의된 수라 할 때 $g \circ f$와 $f \circ g$를 구하라.

5. X를 집합이라 하자. $f : X \to Y$를 단사 함수라 하고 $A \subseteq X$, $B \subseteq X$라 할 때 $f(A - B) = f(A) - f(B)$를 증명하라.

6. 집합 X의 원소의 수가 k개라 하자. X에서 X로 가는 전단사 함수의 수를 구하여라.

7. $f : X \to Y$와 $g : Y \to Z$를 함수라 하자.
   (1) f와 g가 단사이면, $g \circ f : X \to Z$도 단사이다.
   (2) f와 g가 전사이면, $g \circ f : X \to Z$도 전사이다.

8. $f : X \to Y$를 함수라 하자. $g \circ f = I_X$와 $f \circ h = I_Y$를 만족하는 함수 $g : Y \to X$와 $h : Y \to X$가 존재하면 $f : X \to Y$가 전단사 함수이고 $g = h = f^{-1}$을 증명하라. 여기서 $I_X : X \to X$는 $I(x) = x$로 정의되는 항등 함수이고 $I_Y : Y \to Y$는 $I(y) = y$로 정의되는 항등 함수이다.

9. $f : X \to Y$를 단사 함수라 하고 $A, B \subseteq X$라 하자. $f(A) = f(B)$이면 $A = B$임을 증명하여라.

4
함수의 극한과 연속성

4.1 함수의 극한

정리 4.1 A를 $\mathbb{R}$의 부분 집합이라 하고 p를 A내의 임의의 한 점이라 하자. 함수 $f : A \rightarrow \mathbb{R}$가 주어졌다하자. x가 p보다 작은 값을 가지면서 p에 가까워질 때 $f(x)$의 값이 c에 가까워지면 $x \rightarrow p^-$일 때 $f(x)$는 c로 수렴한다라 하고 이를 $\lim_{x \rightarrow p^-} f(x) = c$로 나타내며 c를 함수 $f(x)$의 **좌극한값**이라 한다. 또한 x가 p보다 큰 값을 가지면서 p에 가까워질 때 $f(x)$의 값이 d에 가까워지면 $x \rightarrow p^+$일 때 $f(x)$는 d에 수렴한다라 하고 이를 $\lim_{x \rightarrow p^+} f(x) = d$로 나타내며 d를 함수 $f(x)$의 **우극한값**이라 한다. 이때 좌극한 값과 우극한 값이 같으면, 즉 $c=d=k$이면, $x \rightarrow p$일 때 $f(x)$는 $k=c=d$에 수렴한다라 하고 이를 $\lim_{x \rightarrow p} f(x) = k$ 로 나타내며 k를 함수 $f(x)$의 **극한값**이라 한다.

앞의 정의는 고등학교에서 하는 정의인데 대학에서는 다음과 같이 함수의 극한값을 정의한다.

정리 4.2 A를 $\mathbb{R}$의 **부분 집합**이라 하고 p를 A내의 임의의 한 점이라 하자. 함수 $f : A \to \mathbb{R}$ 가 주어졌다하자. 임의의 $\epsilon > 0$에 대하여

$$0 < |x-p| < \delta \Rightarrow |f(x)-k| < \epsilon$$

을 만족하는 $\delta > 0$이 존재하면 $\lim_{x \to p} f(x) = k$로 나타내며 k를 함수 $f(x)$의 극한값이라 한다.

또한 임의의 $\epsilon > 0$에 대하여

$$x > N \Rightarrow |f(x)-k| < \epsilon$$

을 만족하는 N이 존재하면 $\lim_{x \to \infty} f(x) = k$ 로 나타내며 k를 함수 f(x)의 **극한값**이라 한다.

정리 4.3 A를 $\mathbb{R}$의 부분 집합이라 하고 p를 A내의 임의의 한 점이라 하자. 함수 $f : A \to \mathbb{R}$가 주어졌다하자. x가 p에 가까워질 때 $f(x)$의 값이 무한히 커지면 $x \to p$일 때 $f(x)$는 양의 무한대로 발산한다라 하고 $\lim_{x \to p} f(x) = \infty$로 나타내며 $f(x)$의 극한값은 ∞라 한다. 또한 x가 p에 가까워질 때 $f(x)$의 값이 음수로서 무한히 커지면 $x \to p$일 때 $f(x)$는 음의 무한대로 발산한다라 하고 이를 $\lim_{x \to p} f(x) = -\infty$ 로 나타내며 $f(x)$의 극한값은 $-\infty$이라 한다.

위의 정의는 고등학교에서 하는 정의인데 대학에서는 다음과 같이 정의한다.

정리 4.4 A를 $\mathbb{R}$의 **부분 집합**이라 하고 p를 A내의 임의의 한 점이라 하자. 함수 $f : A \rightarrow \mathbb{R}$가 주어졌다하자. 모든 양의 수 M에 대하여

$$0 < |x - p| < \delta \Rightarrow f(x) > M$$

을 만족하는 $\delta > 0$이 존재하면 $\lim_{x \to p} f(x) = \infty$로 나타내며 $x \rightarrow p$일 때 $f(x)$는 양의 무한대로 발산한다라고 한다.
또한 모든 음의 수 M에 대하여

$$0 < |x - p| < \delta \Rightarrow f(x) < M$$

을 만족하는 $\delta > 0$이 존재하면 $\lim_{x \to p} f(x) = -\infty$로 나타내며 $x \rightarrow p$일 때$f(x)$는 음의 무한대로 발산한다라고 한다.

위에서 정의한 함수의 극한값은 다음 단원에서 학습할 함수의 연속성을 규명하는데 아주 중요한 역할을 한다. 그러므로 이번 단원에서 함수의 극한값에 대하여 확실히 이해하여야 한다.

정리 4.5 A를 $\mathbb{R}$의 부분 집합이라 하고 p를 A내의 임의의 한 점이라 하자. 함수 $f : A \rightarrow \mathbb{R}$와 함수 $h : A \rightarrow \mathbb{R}$가 주어졌다하자. $\lim_{x \to p} f(x) = s$이고 $\lim_{x \to p} h(x) = t$라 하면 다음이 성립한다.

(1) $\lim_{x \to p} [f(x) + h(x)] = s + t$

(2) $\lim_{x \to p} [f(x) - g(x)] = s - t$

(3) $\lim_{x \to p} cf(x) = cs$

(4) $\lim_{x \to p} [f(x) \cdot h(x)] = st$

(5) $t \neq 0$ 이면 $\lim_{x \to p} \dfrac{f(x)}{h(x)} = \dfrac{s}{t}$

증명 (1) $\lim_{x \to p} f(x) = s$ 이고 $\lim_{x \to p} h(x) = t$ 라 하자. 그러면

이명

$\lim_{x \to p} [f(x) + h(x)] = \lim_{x \to p} f(x) + \lim_{x \to p} h(x) = s + t$ 가 된다.

(2), (3), (4), (5)의 증명도 이와 같이 할 수 있다. ■

예제 4.1 다음의 극한값을 구하여라.

(1) $\lim_{x \to 2} (x^2 + 3x - 5)$ (2) $\lim_{x \to 0^-} \frac{1}{x}$

(3) $\lim_{x \to 0} (x \cdot \sin x)$ (4) $\lim_{x \to 0} \frac{x}{|x|}$

(풀이) (1) $\lim_{x \to 2} (x^2 + 3x - 5) = 2^2 + 3 \cdot 2 - 5 = 5$

(2) $\lim_{x \to 0^-} \frac{1}{x} = -\infty$

(3) $|\sin x| \leq 1$이므로 $\lim_{x \to 0} (x \cdot \sin x) = 0$ 이다.

(4) $\lim_{x \to 0^+} \frac{x}{|x|} = \lim_{x \to 0^+} \frac{x}{x} = 1$이고 $\lim_{x \to 0^-} \frac{x}{|x|} = \lim_{x \to 0^-} \frac{x}{-x} = -1$이

다. 그러므로 $\lim_{x \to 0} \frac{x}{|x|}$은 존재하자 않는다. ■

예제 4.2 다음의 극한값을 구하여라.

(1) $\lim_{x \to 0} \frac{\sqrt{9-x} - 3}{x}$ (2) $\lim_{x \to -\infty} \frac{3x}{\sqrt{x^2 - 5} + 7}$

(풀이) (1) $\lim_{x \to 0} \frac{\sqrt{9-x} - 3}{x} = \lim_{x \to 0} \frac{(\sqrt{9-x} - 3)(\sqrt{9-x} + 3)}{x(\sqrt{9-x} + 3)}$

$= \lim_{x \to 0} \frac{-x}{x(\sqrt{9-x} + 3)} = \lim_{x \to 0} \frac{-1}{\sqrt{9-x} + 3} \quad \frac{-1}{6}$

$$(2)\ \lim_{x\to-\infty}\frac{3x}{\sqrt{x^2-5}+7}=\lim_{x\to-\infty}\frac{3}{-\sqrt{\dfrac{x^2-5}{x^2}}+\dfrac{7}{x}}$$

$$=\lim_{x\to-\infty}\frac{3}{-\sqrt{1-\dfrac{5}{x^2}}+\dfrac{7}{x}}=-3$$

예제 4.3 ϵ과 δ를 이용한 정의에 의하여 $\lim_{x\to2}(3x+5)=11$을 증명하여라.

(풀이) 임의의 $\epsilon>0$이 주어졌다하자.

$$0<|x-2|<\delta\ \Rightarrow\ |(3x+5)-11|=3|x-2|<\epsilon$$

을 만족하는 $\delta>0$ 을 구하면 $\delta=\dfrac{\epsilon}{3}>0$ 이다.

즉, $0<|x-2|<\delta\ \Rightarrow\ |(3x+5)-11|=3|x-2|<3\delta=3\dfrac{\epsilon}{3}=\epsilon$

을 만족하는 $\delta=\dfrac{\epsilon}{3}>0$가 존재한다. ■

연습문제 (4.1)

1. $\lim_{x \to 0} [\frac{1}{x}(\frac{2}{x+2} - 1)]$을 구하여라.

2. $\lim_{x \to -\infty} \frac{\sqrt{9x^2-5}+3}{2x}$를 구하여라.

3. $\lim_{x \to 0} (x \cdot \cos x)$를 구하여라.

4. ϵ과 δ를 이용한 정의에 의하여 $\lim_{x \to 1} (2x-3) = -1$을 증명하여라.

5. ϵ과 δ를 이용한 정의에 의하여 $\lim_{x \to -1} (3x-5) = -8$을 증명하여라.

6. ϵ을 이용한 정의에 의하여 $\lim_{x \to \infty} \frac{2x+1}{x} = 2$를 증명하여라.

7. 정의에 의하여 $\lim_{x \to 1} \frac{3}{x-1} = \infty$를 증명하여라.

8. $\lim_{x \to 0} \frac{\sqrt{x+2p}-q}{x} = \frac{1}{2}$ 을 만족하는 상수 p와 q의 값을 구하여라.

4.2 함수의 연속성

정리 4.6 A를 $\mathbb{R}$의 부분 집합이라 하고 p를 A내의 임의의 한 점이라 하자. 함수 $f : A \to \mathbb{R}$가 주어졌다하자. $f(p)$가 존재하고 $\lim_{x \to p} f(x) = f(p)$ 이면 함수 f가 $x = p$에서 연속이라 한다. 함수 f가 정의역 A내의 모든 점에서 연속이면 함수 f가 A에서 연속이라 한다.

앞는 고등학교에서의 함수의 연속의 정의이고 대학에서는 다음과 같이 정의 한다.

정리 4.7 A를 $\mathbb{R}$의 부분 집합이라 하고 p를 A내의 임의의 한 점이라 하자. 함수 $f : A \to \mathbb{R}$가 주어졌다하자. 임의의 $\epsilon > 0$에 대하여

$$|x-p| < \delta \Rightarrow |f(x) - f(p)| < \epsilon$$

을 만족하는 $\delta > 0$이 존재하면 함수 f가 $x = p$에서 연속이라 한다.

예제 4.4 $f : \mathbb{R} \to \mathbb{R}$를 $f(x) = 3x - 5$ 로 정의된 함수라 하자. p를 $\mathbb{R}$내의 임의의 점이라 할 때 f가 p에서 연속임을 증명하라.

(풀이) 임의의 $\epsilon > 0$이 주어졌다 하자. $|f(x) - f(p)| = (3x-5) - (3p-5)$ $= 3|x-p|$이므로 $\delta = \frac{\epsilon}{3} > 0$로 선택하자. 그러면 $|x-p| < \delta \Rightarrow$ $|f(x) - f(p)| = 3|x-p| < 3\delta = 3 \cdot \frac{\epsilon}{3} = \epsilon$이 성립되므로 f는 p에서 연속이다. ■

정리 4.8 A를 $\mathbb{R}$의 부분 집합이라 하고 p를 A내의 임의의 한 점이라 하자. 함수 $f : A \to \mathbb{R}$와 함수 $h : A \to \mathbb{R}$가 p에서 연속이라 하자. 그러면 다음이 성립한다.

(1) $(f+h)(x) = f(x) + h(x)$로 정의된 함수 $f+h : A \to \mathbb{R}$이 p에서 연속이다.

(2) $(cf)(x) = c \cdot f(x)$로 정의된 함수 $cf : A \to \mathbb{R}$가 p에서 연속이다. 여기서 c는 상수이다.

(3) $(fh)(x) = f(x) \cdot h(x)$로 정의된 함수 $fh : A \to \mathbb{R}$가 p에서 연속이다.

(4) $h(p) \neq 0$ 이면 $(\frac{f}{h})(x) = \frac{f(x)}{h(x)}$로 정의된 함수 $\frac{f}{h} : A \to \mathbb{R}$가 p에서 연속이다.

증명 (1) 임의의 $\epsilon > 0$이 주어졌다 하자. 함수 f가 p에서 연속이므로

$$|x-p| < \delta_1 \Rightarrow |f(x) - f(p)| < \frac{\epsilon}{2}$$

을 만족하는 δ_1이 존재한다. 함수 h가 p에서 연속이므로

$$|x-p| < \delta_2 \Rightarrow |h(x) - h(p)| < \frac{\epsilon}{2}$$

을 만족하는 δ_2가 존재한다. $\delta = \min(\delta_1, \delta_2)$라 하자. 즉, δ를 δ_1과 δ_2 중에서 적은 것이라 하자. 그러면

$$\begin{aligned} |x-p| < \delta \Rightarrow & |(f+h)(x) - (f+h)(p)| \\ &= |f(x) + h(x) - f(p) - h(p)| \\ &= |(f(x) - f(p)) + (h(x) - h(p))| \\ &\leq |f(x) - f(p)| + |h(x) - h(p)| < \frac{\epsilon}{2} + \frac{\epsilon}{2} = \epsilon \end{aligned}$$

이다. 그러므로 $f+h$ 는 p에서 연속이다.

(2) 임의의 $\epsilon > 0$이 주어졌다 하자. 함수 f가 p에서 연속이므로

$$|x-p| < \delta \Rightarrow |f(x)-f(p)| < \frac{\epsilon}{|c|}$$

을 만족하는 δ가 존재한다. 그러므로

$$|x-p| < \delta \Rightarrow |(cf)(x)-(cf)(p)| = |cf(x)-cf(p)|$$
$$= |c|\ |f(x)-f(p)| < |c| \frac{\epsilon}{|c|} = \epsilon$$

이 되어 함수 cf가 p에서 연속이다.

(3)과 (4)의 증명은 교양 수학의 수준을 넘으므로 생략한다. ■

예제 4.5 $f(x)=x^2+2x-3$로 정의된 함수 $f: \mathbb{R} \to \mathbb{R}$는 $\mathbb{R}$내의 임의의 점 p에서 연속이다.

(풀이) $h(x)=x$, $g(x)=x$라 하면 함수 h와 g가 각각 p에서 연속이므로 정리 4.8의 (3)에 의하여 $(hg)(x)=h(x)g(x)=x^2$가 p에서 연속이다. 정리 4.8의 (2)에 의하여 $(2h)(x)=2h(x)2x$도 p에서 연속이다. $k(x)=-3$ 이라 하면 함수 k도 p에서 연속이다.

$f(x)=(hg)(x)(2h)(x)k(x)$이고 함수 hg, $2h$, k가 모두 p에서 연속이므로 정리 4.8의 (1)에 의하여f가 p에서 연속이다. ■

> 정리 4.9 A와 B를 $\mathbb{R}$의 부분 집합이라 하고 $f: A \to \mathbb{R}$와 $h: B \to \mathbb{R}$를 연속인 함수라 하자. $f(A) \subseteq B$이면 $(h \circ f)(x)=h(f(x))$로 정의된 함수 $(h \circ f): A \to \mathbb{R}$도 연속이다.

증명 교양 수학의 수준을 넘으므로 생략한다. ■

이명

예제 4.6 $f(x)=\sin(x^2+x-3)$으로 정의된 함수 $f: \mathbb{R} \to \mathbb{R}$ 이 연속함수 임을 증명하여라.

(풀이) $h(x) = \sin x$라하고 $g(x) = x^2 + x - 3$이라 하면 $f(x) = (h \circ g)(x)$이고 h와 g가 연속 함수이다. 정리 4.9에 의하여 f가 연속 함수이다. ■

> 정리 4.10 (중간값 정리) 함수 $f : [a,b] \to \mathbb{R}$가 주어졌다하자. 함수 f가 **폐구간** $[a,b]$에서 연속이고 $f(a) \neq f(b)$일 때 k를 $f(a)$와 $f(b)$ 사이의 임의의 수라 하면 $f(c) = k$를 만족하는 c가 a와 b사이에 적어도 하나 존재한다.

증명 교양 수학의 수준을 넘으므로 생략한다. ■

이명

예제 4.7 방정식 $x^4 - x^3 + x^2 - 2x - 3 = 0$ 이 -1과 1 사이에 적어도 하나의 실근을 가짐을 증명하라.

(풀이) $f : \mathbb{R} \to \mathbb{R}$를

$$f(x) = x^4 - x^3 + x^2 - 2x - 3$$

으로 정의된 함수라 하자. 그러면 함수 f는 $[-1,\ 1]$에서 연속이고 $f(1) = 4$이고 $f(1) = 2$이다. $-4 < 0 < 2$ 이므로 중간 값 정리에 의하여 $f(c) = 0$를 만족하는 c가 -1과 1사이에 존재한다. 즉, $c^4 - c^3 + c^2 - 2c - 3 = 0$을 만족하는 c가 -1과 1사이에 존재한다. ■

연습문제 (4.2)

1. $f : \mathbb{R} \to \mathbb{R}$를 $f(x) = \frac{1}{2}x - 5$ 로 정의된 함수라 하자. p를 $\mathbb{R}$내의 임의의 점이라 할 때 f가 p에서 연속임을 증명하라.

2. $f : \mathbb{R} \to \mathbb{R}$를 $f(x) = 5x - 7$ 로 정의된 함수라 하자. p를 $\mathbb{R}$내의 임의의 점이라 할 때 f가 p에서 연속임을 증명하라.

3. $f : \mathbb{R} \to \mathbb{R}$ 를 연속 함수라 하고 $h : \mathbb{R} \to \mathbb{R}$ 를 $h(x) = f(2x-3)$로 정의된 함수라 할 때 h가 연속 함수 임을 증명하여라.

4. 방정식 $x^4 + 2x^3 + 5x^2 + 3x - 7 = 0$이 0과 1사이에 적어도 하나의 실근을 가짐을 증명하여라.

5. $f : \mathbb{R} \to \mathbb{R}$ 를 $f(x) = \cos(x^2 + x^2 - 5x + 1)$로 정의된 함수라 하자. 함수 f가 연속 함수 임을 보여라.

6. $f : [1, 2] \to [1, 3]$ 를 $f(1) = 2,\ f(2) = 1$ $f(p) = p$인 연속함수라 할 때를 만족하는 p가 1과 2 사이에 존재함을 증명하라.

7. 다음과 같이 정의 된 함수 $f : \mathbb{R} \to \mathbb{R}$ 가 연속인지 또는 어떤 점에서 불연속 인지를 판별하라.

$$f(x) = \begin{cases} x \sin \frac{1}{x} & \text{if } x \neq 0 \\ 0 & \text{if } x = 0 \end{cases}$$

5
미분과 응용

5.1 미분의 정의와 성질

정리 5.1 함수$f(x)$가 주어졌다 하자. x의 값이 p부터 $p+\Delta x$까지 변할 때

$$\frac{\Delta y}{\Delta x} = \frac{f(p+\Delta x) - f(p)}{\Delta x}$$

를 폐구간 $[p, p+\Delta x]$에서의 함수 $y=f(x)$의 **평균변화율**이라 한다.

정리 5.2 A를 $\mathbb{R}$의 부분 집합이라 하고 x의 함수 $f: A \to \mathbb{R}$가 주어졌다 하자. p를 A내의 한 점이라 하자. $\lim_{\Delta x \to 0} \frac{f(p+\Delta x) - f(p)}{\Delta x}$가 존재하면 함수 f는 $x=p$에서 미분 가능하다고 한다. 이 극한값을 함수 f의 $x=p$에서의 **미분계수**라고 하며 이를 $f'(p)$ 또는 $[\frac{dy}{dx}]_{x=p}$로 나타낸다.

즉,

$$f'(p) = \lim_{\Delta x \to 0} \frac{f(p+\Delta x) - f(p)}{\Delta x}$$

이다. 또한 $f'(p)$는 $x=p$ 인 점에서 함수 f의 접선의 기울기이다.

예제 5.1 $f(x) = x^2 + 2x - 3$ 으로 정의된 함수 f의 $x=3$에서의 미분계수를 구하여라.

(풀이) $$f'(3) = \lim_{\Delta x \to 0} \frac{f(3+\Delta x) - f(3)}{\Delta x}$$

$$= \lim_{\Delta x \to 0} \frac{[(3+\Delta x)^2 + 2(3+\Delta x) - 3] - [3^2 + 2 \cdot 3 - 3]}{\Delta x}$$

$$= \lim_{\Delta x \to 0} \frac{(\Delta x)^2 + 8\Delta x}{\Delta x} = \lim_{\Delta x \to 0} (\Delta x + 8) = 8.$$ ■

정리 5.3 A를 $\mathbb{R}$의 부분 집합이라 하고 함수 $f: A \to \mathbb{R}$ 이 주어졌다 하자. 함수 f가 A내의 점 p에서 미분가능 하면 함수 f가 p에서 연속이다.

증명 이명 함수 f가 A내의 점 p에서 미분가능 하므로

$$f'(p) = \lim_{\Delta x \to 0} \frac{f(p+\Delta x) - f(p)}{\Delta x}$$

가 존재한다. 그러므로

$$\lim_{\Delta x \to 0} [f(p+\Delta x) - f(p)] = \lim_{\Delta x \to 0} \left[\frac{f(p+\Delta x) - f(p)}{\Delta x} \cdot \Delta x\right]$$

$$= \lim_{\Delta x \to 0} \frac{f(p+\Delta x) - f(p)}{\Delta x} \cdot \lim_{\Delta x \to 0} (\Delta x)$$

$$= f'(p) \cdot 0 = 0.$$

즉, $\lim_{\Delta x \to 0} f(p+\Delta x) = f(p)$ 이다.

$x = p + \Delta x$ 라 하면 $\Delta x \to 0$ 일 때 $x \to p$ 이다.

그러므로 $\lim_{x \to p} f(x) = f(p)$이다. 즉, 함수 f가 p에서 연속이다. ■

예제 5.2 함수 $f: \mathbb{R} \to \mathbb{R}$ 를 $f(x) = |x|$로 정의된 함수라 하자. 함수 f 가 0에서 미분 가능한지 또는 미분 불가능 한지를 판별하라.

(풀이) $f(x) = |x| = \begin{cases} x, & \text{if } x \geq 0 \\ -x, & \text{if } x < 0 \end{cases}$ 이다. 그러므로

$$\lim_{h \to 0^+} \frac{f(0+h) - f(0)}{h} = \lim_{h \to 0^+} \frac{h - 0}{h} = 1 \text{이고}$$

$$\lim_{h \to 0^-} \frac{f(0+h) - f(0)}{h} = \lim_{h \to 0^-} \frac{-h - 0}{h} = -1 \text{이다.}$$

즉, $f'(0) = \lim_{h \to 0} \frac{f(0+h) - f(0)}{h}$ 이 존재하지 않는다. 그러므로 f 는 $x = 0$ 에서 미분 불가능이다. 그렇지만 f 는 $x = 0$ 에서 연속이다. ■

위의 예제에서 보듯이 함수가 어떤 점에서 연속이면 그 점에서 꼭 미분 가능할 필요가 없다는 것을 알 수 있다.

> 정리 5.4 A를 $\mathbb{R}$의 **부분 집합**이라 하고 함수 $f: A \to \mathbb{R}$ 가 주어졌다 하자. $y = f(x)$라 하자.
>
> $$\lim_{h \to 0} \frac{f(x+h) - f(x)}{h}$$
>
> 를 x에 대한 함수 $y = f(x)$의 **도함수**라 하고 이를 y', $\frac{dy}{dx}$, $f'(x)$, $\frac{df(x)}{dx}$, $\frac{d}{dx}f(x)$등으로 나타낸다.

예제 5.3 함수 $f(x)=x^n$ 의 도함수 $f'(x)$를 구하여라.

(풀이) $f'(x)=\lim_{h\to 0}\dfrac{(x+h)^n-x^n}{h}$

$$=\lim_{h\to 0}\frac{(x^n+{}_nC_1x^{n-1}h+\cdots\cdots\cdots\cdots+{}_nC_{n-1}xh^{n-1}+h^n)-x^n}{h}$$

$$=\lim_{h\to 0}({}_nC_1x^{n-1}+{}_nC_2x^{n-2}h+\cdots\cdots\cdots+{}_nC_{n-1}xh^{n-2}+h^{n-1})$$

$$={}_nC_1x^{n-1}=nx^{n-1}.$$ ■

정리 5.5 $f(x)$와 $g(x)$를 미분 가능한 함수라 하고 c를 상수라 하면 다음이 성립한다.

(1) $\dfrac{d}{dx}(cf(x))=c\dfrac{d}{dx}f(x)$

(2) $\dfrac{d}{dx}[f(x)+g(x)]=\dfrac{d}{dx}f(x)+\dfrac{d}{dx}g(x)$

(3) $\dfrac{d}{dx}[f(x)-g(x)]=\dfrac{d}{dx}f(x)-\dfrac{d}{dx}g(x)$

(4) $\dfrac{d}{dx}[f(x)g(x)]=f(x)[\dfrac{d}{dx}g(x)]+[\dfrac{d}{dx}f(x)]g(x)$

(5) $\dfrac{d}{dx}[\dfrac{f(x)}{g(x)}]=\dfrac{g(x)[\frac{d}{dx}f(x)]-[\frac{d}{dx}g(x)]f(x)}{[g(x)]^2}$

증명 (1) $\dfrac{d}{dx}(cf(x))=\lim_{h\to 0}\dfrac{cf(x+h)-cf(x)}{h}$

이명

$$=c\lim_{h\to 0}\frac{f(x+h)-f(x)}{h}$$

$$=c\frac{d}{dx}f(x)$$

(2) $L(x)=f(x)+g(x)$라 하자. 그러면

$$\begin{aligned}\frac{d}{dx}[f(x)+g(x)] &= \frac{d}{dx}L(x)\\ &= \lim_{h\to 0}\frac{L(x+h)-L(x)}{h}\\ &= \lim_{h\to 0}\frac{[f(x+h)+g(x+h)]-[f(x)+g(x)]}{h}\\ &= \lim_{h\to 0}\frac{[f(x+h)-f(x)]+[g(x+h)-g(x)]}{h}\\ &= \lim_{h\to 0}\frac{f(x+h)-f(x)}{h}+\lim_{h\to 0}\frac{g(x+h)-g(x)}{h}\\ &= \frac{d}{dx}f(x)+\frac{d}{dx}g(x)\end{aligned}$$

(3) (2)의 증명과 유사하다.

(4) $L(x)=f(x)g(x)$라 하자. 그러면

$$\begin{aligned}\frac{d}{dx}[f(x)g(x)] &= \frac{d}{dx}L(x)=\lim_{h\to 0}\frac{L(x+h)-L(x)}{h}\\ &=\lim_{h\to 0}\frac{f(x+h)g(x+h)-f(x)g(x)}{h}\end{aligned}$$

이다. 그러므로

$$\begin{aligned}&\frac{d}{dx}[f(x)g(x)]\\ &=\lim_{h\to 0}\frac{f(x+h)g(x+h)-f(x+h)g(x)+f(x+h)g(x)-f(x)g(x)}{h}\\ &=\lim_{h\to 0}\frac{[f(x+h)g(x+h)-f(x+h)g(x)]+[f(x+h)g(x)-f(x)g(x)]}{h}\\ &=\lim_{h\to 0}[f(x+h)\frac{g(x+h)-g(x)}{h}+\frac{f(x+h)-f(x)}{h}g(x)]\\ &=\lim_{h\to 0}f(x+h)\lim_{h\to 0}\frac{g(x+h)-g(x)}{h}+[\lim_{h\to 0}\frac{f(x+h)-f(x)}{h}]\,g(x)\\ &= f(x)[\frac{d}{dx}g(x)]+[\frac{d}{dx}f(x)]\,g(x)\end{aligned}$$

(5) 생략한다. ■

정리 5.6 (연쇄법칙) A와 B를 $\mathbb{R}$의 부분집합이라하자. 함수 $f: A \to \mathbb{R}$이 A 내의 점 p에서 미분 가능하다고 하자. $f(A) \subseteq B$이고 함수 $g: B \to \mathbb{R}$ 가 $f(p)$에서 미분 가능하면 함수 $g \circ f$가 p에서 미분 가능하고

$$(g \circ f)'(p) = g'(f(p))f'(p)$$

가 된다.

증명 교양 수학의 수준을 넘으므로 생략한다. ■

이명

예제 5.4 함수 $f: \mathbb{R} \to \mathbb{R}$를 $f(x) = (3x^3 + 2x - 7)^3$로 정의된 함수라 하자. $f'(x)$를 구하여라.

(풀이) $g(x) = 3x^3 + 2x - 7$이라 하고 $h(x) = x^3$ 이라하자. 그러면 $f(x) = (h \circ g)(x)$ 이다. 정리 5.6에 의하면 $f'(x) = (h \circ g)'(x) = h'(g(x))g'(x)$이다. $h'(x) = 3x^2$이고 $g'(x) = 9x^2 + 2$이므로 $f'(x) = 3(3x^3 + 2x - 7)^2(9x^2 + 2)$이다. ■

예제 5.5 $x^3 + y^3 = 9xy$라 할 때, $\dfrac{dy}{dx}$를 구하여라.

(풀이) 양변을 x에 대하여 미분하자. 그러면

$\dfrac{d}{dx}(x^3 + y^3) = \dfrac{d}{dx}(9xy)$. 연쇄법칙에 의하여

$$3x^2 + 3y^2\frac{dy}{dx} = \frac{d}{dx}(9x)y + 9x\frac{dy}{dx} = 9y + 9x\frac{dy}{dx}.$$

즉, $(3y^2 - 9x)\dfrac{dy}{dx} = (9y - 3x^2)$ 이다.

위 식을 $\dfrac{dy}{dx}$에 대하여 풀면 $\dfrac{dy}{dx} = \dfrac{3y - x^2}{y^2 - 3x}$이다. ■

연습문제 (5.1)

1. 함수 $f: \mathbb{R} \to \mathbb{R}$를 $f(x) = \sqrt{x^4 + 2x^2 + 5}$로 정의된 함수라 하자. $f'(x)$를 구하여라.

2. $x^2 + y^2 = 3xy$라 할 때, $\dfrac{dy}{dx}$를 구하여라.

3. 함수 $f: \mathbb{R} \to \mathbb{R}$를

$$f(x) = \begin{cases} x^2 \sin \dfrac{1}{x^2} & \text{if } x \neq 0 \\ 0 & \text{if } x = 0 \end{cases}$$

로 정의되었다 하자. f가 정의역 내의 모든 점에서 미분 가능한 것을 증명하여라.

5.2 미분의 응용

예제 5.6 곡선 $y = x^3 + x^2 + 3$ 위의 점 (-1, 3)에서 이 곡선의 접선의 식을 구하여라.

(풀이) $y' = 3x^2 + 2x$ 이다. 그러므로 접선의 기울기 m은 $m = [y']_{x=-1} = 3 - 2 = 1$이다. 따라서 접선의 식은 $y - 3 = 1(x - (-1))$이다. 즉, $y = x + 4$이다. ■

> 정리 5.7 (**평균값 정리**) 함수 f가 **폐구간** $[a, b]$에서 연속이고 **개구간** (a, b)에서 미분 가능하다고 하자. 그러면 $f(b) - f(a) = f'(c)(b - a)$를 만족하는 c가 a와 b 사이에 존재한다.

증명 교양 수학의 수준을 넘으므로 생략한다. ■
이명

예제 5.7 1과 2 사이에 있는 모든 a와 b에 대하여 $|b^5 - a^5| \le 80|b - a|$가 성립됨을 증명하여라.

(풀이) 함수f를$f(x) = x^5$로 정의되었다고 하자. 그러면$f'(x) = 5x^4$이다.

(i) $a < b$인 경우

이 경우 f는 [a, b]에서 연속이고 또한 미분 가능하다. 평균값 정리에 의하면 다음 식을 만족하는 c가 a와 b사이에 존재한다.

$$|b^5 - a^5| = |f(b) - f(a)| = |f'(c)||b - a| = 5c^4|b - a|.$$

c가 1과 2 사이에 있으므로 $5c^4 \le 80$이다. 그러므로

$|b^5 - a^5| = 5c^4|b-a| \leq 80|b-a|$이다.

(ii) $a = b$인 경우 자동으로 성립한다.

(iii) $b < a$인 경우 (i)과 같은 방법으로 증명한다. ▩

정리 5.8 함수 $f(x)$가 주어졌다 하자. f가 **어떤 구간**(interval)에서 미분 가능하고 그 구간에서 $f'(x) > 0$ 이면 (즉, f가 어떤 구간의 모든 점에서 미분 가능하고 그 구간의 모든 점에서 $f'(x) > 0$ 이면), 함수 f는 그 구간에서 증가한다. 또한 f가 **어떤 구간**(interval)에서 미분 가능하고 그 구간에서 $f'(x) < 0$ 이면 (즉, f가 어떤 구간의 모든 점에서 미분 가능하고 그 구간의 모든 점에서 $f'(x) < 0$이면), 함수 f는 그 구간에서 감소한다.

증명 (i) $f'(x) > 0$ 인 경우

이명

a와 b를 $a < b$인 구간 내의 임의의 두 점이라 하자. 그러면 함수 f가 $[a, b]$ 에서 미분 가능하므로 평균값 정리에 의하여

$$f(b) - f(a) = f'(c)(b-a)$$

를 만족하는 c가 a와 b 사이에 존재한다. c가 구간 내의 점이므로 $f'(c) > 0$이다. 즉, 임의의 두 점 a와 b에 대하여 $a < b$일 때 $f(a) < f(b)$이다. 그러므로 함수 f는 그 구간에서 증가한다.

(ii) $f'(x) < 0$인 경우

a와 b를 $a < b$인 구간 내의 임의의 두 점이라 하자. 그러면 함수 f가 $[a, b]$에서 미분 가능하므로 평균값 정리에 의하여

$$f(b) - f(a) = f'(c)(b-a)$$

를 만족하는 c가 a와 b 사이에 존재한다. c가 구간 내의 점이므로 $f'(c) < 0$이다. 즉, 임의의 두 점 a와 b에 대하여 $a < b$

일 때 $f(a) > f(b)$이다. 그러므로 함수 f는 그 구간에서 감소한다. ■

> **정리 5.9** 함수 $f(x)$가 $x=a$를 지나는 순간 $f(x)$가 증가 하다가 감소로 바뀌면 $f(x)$는 $x=a$에서 극대가 된다고 하고 $f(a)$를 극대값이라 한다. 함수 $f(x)$가 $x=b$를 지나는 순간 $f(x)$가 감소 하다가 증가로 바뀌면 $f(x)$는 $x=b$에서 극소가 된다고 하고 $f(b)$를 극소값이라 한다. 함수 $f(x)$에서 $f'(a)=0$이고 $f'(x)$의 값이 $x=a$를 지나는 순간 양수에서 음수로 바뀌면 $f(x)$는 $x=a$에서 극대이다. $f'(b)=0$이고 $f'(x)$의 값이 $x=b$를 지나는 순간 음수에서 양수로 바뀌면 $f(x)$는 $x=b$에서 극소이다.

증명 정리 5.8에 의하여 증명된다. ■

이명

예제 5.8 $0 \le x \le 5$에서 함수 $f(x)=-x^3+3x^2+9x+3$의 최대값과 최소값을 구하여라.

(풀이) 극값을 구하기 위하여 함수 f를 미분하면 $f'(x)=-3x^2+6x+9$이다. $-3x^2+6x+9=-3(x^2-2x-3)=-3(x-3)(x+1)=0$에서 극값은 $x=-1$과 $x=3$이다. 정리 5.10에 의하여 다음과 같은 표를 구할 수 있다.

x	......	-1	....	0	....	3	....	5
$f'(x)$	−	0	+	+	+	0	−	−
$f(x)$	↘	-2	↗	↗	↗	30	↘	↘

$f(0)=3$이고 $f(5)=-2$이므로 $0 \le x \le 5$ 에서 함수 f의 최대값은 30이고 최소값은 -2이다. ■

예제 5.9 총 길이가 100m 인 끈으로 직사각형을 만들 때 만들어진 직사각형 중에서 넓이가 최대인 직사각형의 넓이를 구하여라.

(풀이) 만들어진 직사각형의 가로의 길이를 x m 라 하고 세로의 길이를 y m라 하자. 그러면 $2x+2y=100$, 즉 $x+y=50$ 이다. 그러므로 $y=50-x$이다.

직사각형의 넓이는 $xy=x(50-x)=50x-x^2$ 이다.

$f(x)=50x-x^2$라 하자.

$f'(x)=50-2x=2(25-x)=0$이므로 함수 f는 $x=25$에서 극대값 625를 갖는다. 즉, 직사각형의 최대 넓이는 $625m^2$이다. ■

연습문제 (5.2)

1. 1과 2 사이에 있는 모든 a와 b에 대하여 $|b^4 - a^4| \leq 32|b-a|$가 성립됨을 증명하여라.

2. 함수 $f: \mathbb{R} \rightarrow \mathbb{R}$ 를 $f(x) = x^3 - 3x^2 - 9x + 15$로 정의된 함수라 하자. 이 함수의 극대값과 극소값을 구하고 그래프의 개형을 그려라.

3. 지상에서 50m의 높이에서 매초 30m 의 속도로 물체를 수직 위쪽 방향으로 던져 올렸을 때 던진 순간부터 t초 후에 물체의 지상으로부터 높이를 Hm라 하면 $H(t) = 50 + 30t - 5t^2$가 된다. 이 물체가 도달 할 수 있는 최고 높이를 구하여라.

4. 함수 $f: (a,\ b) \rightarrow \mathbb{R}$가 $(a,\ b)$에서 미분 가능하고 모든 $c \in (a,\ b)$에 대하여 $|f'(c)| \leq 5$이면 함수 f가 $(a,\ b)$에서 연속임을 증명하여라.

5. 함수 $f: \mathbb{R} \rightarrow \mathbb{R}$ 와 $g: \mathbb{R} \rightarrow \mathbb{R}$ 가 정의역 내의 모든 점에서 미분가능하다고 하자. $f(0) = g(0)$이라 하고 모든 $x \geq 0$에 대하여 $f'(x) \leq g'(x)$라고 하자. 모든 $x \geq 0$에 대하여 $f(x) \leq g(x)$가 성립함을 증명하여라.

6
정 수

수론(Number Theory)은 수학의 가장 오래된 분야 중 하나이고 수학의 발전에 커다란 공헌을 했으며 미래의 수학의 발전에도 커다란 기여를 할 것이다. 왜 수론은 수학자뿐만 아니라 수학을 전공하지 않은 사람들에게도 흥미를 끄는 분야일까? 그 대답 중의 하나는 많은 수학적 지식이 없어도 충분한 흥미와 호기심을 자극하는 많은 문제가 있기 때문일 것이다. 간단하고 쉽게 해결될 것 같은 문제도 해결되지 않고 있는 미해결 문제가 수론에 있다. 이 장에서는 수론에 대해서 다루려고 한다. 수론의 일반적인 것이 아니라 정수와 관련된 성질 중 몇 가지만 소개하려고 한다.

6. 1 **정수의 기본성질**

정수의 집합 $Z=\{\cdots,-2,-1,0,1,2,\cdots\}$에는 곱셈과 덧셈이 정의되어 있고 다음의 성질을 가진다.

(1) 모든 정수 n과 m에 대해서 $n+m$과 $n\times m$도 정수이다.

(2) 교환법칙 : 모든 정수 n과 m에 대해서 다음이 성립한다.

$$n+m=m+n,\ n\times m=m\times n$$

(3) 결합법칙 : 모든 정수 n, m, l에 대해서 다음이 성립한다.

$$n+(m+l)=(n+m)+l,\ n\times(m\times l)=(n\times m)\times l$$

(4) 분배법칙 : 모든 정수 n, m, l에 대해서 다음이 성립한다.

$$(n+m)\times l=n\times l+m\times l$$

(5) 항등원: 모든 정수 n에 대해서 다음이 성립한다.

$$n+0=0+n=n,\ n\times 1=1\times n=n$$

(6) 덧셈에 대한 역원 : 모든 정수 n에 대해서 방정식 $n+x=0$의 정수해 x가 존재한다. 정수해 x를 정수 n의 덧셈에 대한 역원이라 하고 $-n$으로 쓴다.

(7) 소거법칙 : 모든 정수 n, m, l에 대해서 $n\times l=m\times l$이고 $l\neq 0$이면 $n=m$이다.

위의 성질 (6)에 의해서 정수의 뺄셈은 덧셈의 특별한 형태라는 것을 알 수 있다. 즉 $n-m$은 $n+(-m)$을 의미한다.

양의 정수의 집합 $Z^+=\{1,2,3,\cdots\}$을 이용하여 정수의 순서를 정의한다.

정의 6.1 n과 m이 정수라고 하자. $n>m$은 $n-m\in Z^+$일 때이다. $n\geq m$은 $n>m$ 또는 $n=m$일 때이다.

정리 6.2 정수의 집합 Z에서 다음이 성립한다.

(1) $a \le a$

(2) $a \le b$이고 $b \le a$이면 $a = b$이다.

(3) $a \le b$이고 $b \le c$이면 $a \le c$이다.

(4) $a \le b$이고 $c \le d$이면 $a + c \le b + d$이다.

증명 (1) $a - a = 0$이므로 $a \le a$이다.

(2) $a \le b$이면 $b - a \ge 0$이고, $b \le a$이면 $a - b = -(b-a) \ge 0$이다. 따라서 $a - b = 0$이다. 즉 $a = b$.

(3) $a \le b$이면 $b - a \ge 0$이고, $b \le c$이면 $c - b \ge 0$이므로 $c - a = (c-b) + (b-c) \ge 0$이다. 즉 $a \le c$.

(4) $a \le b$이면 $b - a \ge 0$이고, $c \le d$이면 $d - c \ge 0$이므로 $(b+d) - (a+c) = (b-a) + (d-c) \ge 0$이다. 즉 $a + c \le b + d$. ■

다음으로 정수에서 가장 기본이 되는 나눗셈 정리를 알아보자. 이것은 임의의 정수 n을 0이 아닌 정수 m으로 나누면 유일한 몫과 나머지를 갖는다는 것이다. 예를 들어 15를 6으로 나누면 몫이 2, 나머지는 3이 된다. 이것을 등식으로 나타내면 $15 = 6 \times 2 + 3$이다.

정리 6.3 (나눗셈정리)
정수 m, n $(m \ne 0)$에 대해서

$$n = mq + r, \quad 0 \le r < |m|$$

를 만족하는 정수 q, r이 유일하게 존재한다. 이 때, q는 몫, r은 나머지라고 한다.

6.2. **약수**(divisor)**와 배수**(multiple)

정의 6.4 정수 n, m에 대해서 정수 k가 존재하여 $m=kn$이면 n은 m을 나눈다고 한다. 이 경우 $n \mid m$으로 표기하고 n이 m을 나누지 못하는 경우 $n \nmid m$로 표기한다. n은 m을 나눌 경우 n을 m의 약수라고 하고 m은 n의 **배수**라고 한다.

정리 6.5 임의의 정수 n에 대하여 $1 \mid n$, $n \mid n$, $n \mid 0$이다.

증명 n이 정수이고 $n=1\times n$이다. 따라서 $1 \mid n$이다.
1은 정수이고 $n=n\times 1$이다. 따라서 $n \mid n$이다.
임의의 정수 n에 대하여 $0=0\times n$이므로 $n \mid 0$이다. ■

위의 정리 6.5에 의해서 1은 모든 정수의 약수이고 0은 모든 정수의 배수라는 것을 알 수 있다.

정리 6.6 정수 n, m, l에 대해서 $n \mid m$이고 $m \mid l$이면 $n \mid l$이다.

증명 $n \mid m$이면 정수 k가 존재하여 $m=nk$이다. $m \mid l$이면 정수 j가 존재하여 $l=mj$이다. 따라서 $l=mj=(nk)j=n(kj)$이므로 $n \mid l$이다. ■

정리 6.7 정수 a, b, m, n에 대해서 $c \mid a$이고 $c \mid b$이면 $c \mid ma+nb$이다.

증명 $c \mid a$, $c \mid b$에서 정수 k_1과 k_2가 존재하여 $a=k_1c$, $b=k_2c$이다.

따라서

$$ma + nb = m(k_1 c) + n(k_2 c) = (mk_1 + nk_2)c$$

이므로 $c \mid ma+nb$이다. ■

6.3. 소수(prime number)

1은 한 개의 양의 약수를 가진다. 모든 다른 양의 정수는 1과 자기 자신에 의해서 나누어진다. 따라서 1이 아닌 양의 정수는 최소한 2개의 양의 약수를 가진다. 정확하게 2개의 양의 약수를 갖는 양의 정수를 **소수**라고 부른다. 예를 들어 2, 3, 5, 11, 13은 소수이다. 소수가 아닌 1보다 큰 정수를 **합성수**라고 한다. 즉 1과 자기 자신 이외의 양의 약수를 가지는 수를 합성수라고 한다. 예를 들어, $4 = 2 \times 2$, $111 = 3 \times 37$은 합성수이다.

어떤 정수가 소수인가를 판정하기 위해서 다음의 정리는 매우 유용하다.

> 정리 6.8 n이 합성수이면 n은 $\sqrt{n}$보다 작은 소수를 약수로 갖는다.

증명 n은 합성수이므로 $1 < k \le l < n$인 정수 k, l이 존재해서 $n = kl$이다.

$1 < k^2 \le kl = n$이므로 $1 < k \le \sqrt{n}$을 만족한다. k가 소수가 아니라면 k를 나누는 소수 p가 존재하므로 p는 n의 약수가 되며 $1 < p < k \le \sqrt{n}$이다. ■

어떤 정수 n이 소수인지 판정하기 위해서는 $n/2$보다 작거나 같은 모두 소수로 n을 나누어 보아야 한다. 하지만 위의 정리에 따르면 $\sqrt{n}$ 이하의 모든 소수로 나누어 보면 된다. 물론 어떤 수 이하의 소수를 구하는 계산도 쉽지는 않지만 $n/2$이하의 소수를 구하는 것과 $\sqrt{n}$이하의 소수를 구하는 것을 비교하면 $\sqrt{n}$이하의 소수를 구하는 것이 매우 쉽다는 것을 알 수 있다.

예제 6.1 10007이 소수인지를 판정하라.

(풀이) $\sqrt{10007} = 100.035$이다. 따라서 100보다 작은 소수로 나누어지면 합성수이고 나누어지지 않는다면 소수이다. 100보다 작은 소수는 2, 3, 5, 7, 11, 13, 17, 19, 23, 29, 31, 37, 41, 43, 47, 53, 61, 67, 71, 73, 79, 83, 97이다. 10007은 이 소수 중에 어떤 수도 약수로 갖지 않으므로 소수이다. ■

양의 정수 중에 포함되어 있는 소수의 개수는 몇 개일까? 다시 말해 소수의 개수가 유한하지 않을까라고 생각할 수 있다. 그러나 소수의 개수는 무한히 많다.

정리 6.9 어떤 양의 정수 n보다 큰 소수가 존재한다.

증명 모든 소수가 n보다 작다고 가정하자. $N = n! + 1$이라 하자. p를 N의 약수라고 하자. p는 n보다 작은 정수이므로 p는 $n!$의 약수이다. $(n \neq n(n-1) \cdots (p+1)p(p-1) \cdots 2 \cdot 1)$ 따라서 p는 $N - n \neq 1$을 나누어야 하므로 $p = 1$이다. 이것은 모순이다. ■

이명

위의 정리에 의하면 아무리 큰 양의 정수보다도 큰 소수는 항상 존재한다. 양의 정수는 무한하므로 어떤 소수보다 큰 양의 정수는 항상 존재한다. 즉 주어진 양의 정수보다 큰 소수를 택하고 그 소수보다 큰 양의 정수를 택하고 다시 이 양의 정수보다 큰 소수를 택하는 과정을 무한히 반복할 수 있으므로 소수는 무한히 많다고 결론지을 수 있다.

6.4 최대공약수

0이 아닌 정수 a, b에 대해서 $h \mid a$, $h \mid b$인 정수 h를 a와 b의 **공약수**(common divisor)라고 하고, 공약수 중 제일 큰 공약수를 **최대공약수**(greatest common divisor)라고 한다. a와 b의 최대공약수는 (a, b)로 나타낸다.

예제 6.2 정수 33과 121의 최대공약수를 구하라.

(풀이) 33의 약수는 ± 1, ± 3, ± 11, ± 33이다. 121의 약수는 ± 1, ± 11, ± 121이다. 따라서 최대공약수 $(33, 121) = 11$이다. ■

> 정리 6.10 정수 a를 b로 나누었을 때, 몫 q와 나머지 r이 존재하여 $a = bq + r$이라 하면 $(a, b) = (b, r)$이다.

증명 이명 k를 a와 b의 공약수라고 하자. n_1과 n_2가 존재하여 $a = kn_1$, $b = kn_2$이다. $r = a - bq == kn_1 - kn_2q = k(n_1 - n_2q)$이므로 k는 b와 r의 공약수이다.
l를 b와 r의 공약수라고 하자. m_1과 m_2가 존재하여 $b = lm_1$, $r = lm_2$이다. $a = bq - r\ = lm_1q - lm_2 = l(m_1q - m_2)$이므로 l은 a와 b의 공약수이다. 따라서 a, b의 공약수와 b, r의 공약수는 일치하므로 $(a, b) = (b, r)$이다. ■

위의 정리 6.10을 반복하여서 적용하면 두 수의 최대공약수를 구할 수 있다.

예제 6.3 $(252, 198)$을 구하라.

(풀이) $252 = 1 \cdot 198 + 54$

$$198 = 3 \cdot 54 + 36$$
$$54 = 1 \cdot 36 + 18$$
$$36 = 2 \cdot 18 + 0$$

위의 정리에 의해서

$$18 = (36,\ 18) = (54,\ 36) = (198,\ 54) = (252,\ 198).$$

다음 정리는 위의 정리를 반복적으로 적용하여 최대공약수를 구하는 방법이다.

정리 6.11 (Euclidean Algorithm)
양의 정수 a, b에 대하여 $r_0 = a$, $r_1 = b$라고 하자. 나눗셈의 정리를 반복하여 사용하여

$$r_0 = r_1 q_0 + r_2 \qquad 0 < r_2 < r_1$$
$$r_1 = r_2 q_1 + r_3 \qquad 0 < r_3 < r_2$$
$$r_2 = r_3 q_2 + r_4 \qquad 0 < r_4 < r_3$$
$$\vdots \qquad\qquad \vdots$$
$$r_{n-1} = r_n q_{n-1} + r_{n+1} \qquad 0 < r_{n+1} < r_n$$
$$r_n = r_{n+1} q_n$$

이면 $(a,\ b) = r_{n+1}$이다.

위의 정리 6.11에서 거꾸로 계산을 해보면 $(a,\ b) = as + bt$인 정수 s와 t를 구할 수 있다. 즉

$$\begin{aligned}(a,\ b) &= r_{n+1} \\ &= r_{n-1} - r_n q_{n-1} \\ &= r_{n-1} - (r_{n-2} - r_{n-1} q_{n-2}) q_{n-1} \\ &= r_{n-1}(1 - q_{n-1} q_{n-2}) + r_{n-2}(-q_{n-1})\end{aligned}$$

$= \cdots\cdots$

$= as + bt$

정리 6.12 정수 a, b에 대해서 다음이 성립한다.
(1) $(b,\ c) = 1$이고 $c \mid ab$이면 $c \mid a$이다.
(2) $(ab,\ c) = 1$이면 $(a,\ c) = 1$이고 $(b,\ c) = 1$이다.

증명 (1) $(b,\ c) = 1$이므로 정수 s와 t가 존재해서 $1 = bs + ct$이다. 양변에 a를 곱하면 $a = abs + act$이다. 가정에 의해서 $c \mid ab$이므로 정리 6.7에 의해서 $c \mid a$이다.

(2) $(ab,\ c) = 1$이므로 정수 s와 t가 존재해서 $1 = abs + ct$이다. $a(bs) + ct = 1$이고 $b(as) + ct = 1$이므로 정리 6.11에 의해서 $(a,\ c) = 1$, $(b,\ c) = 1$이다. ■

6. 5 합동

정의 6.13 주어진 양의 정수 n에 대하여 정수 a, b가 $n \mid a - b$을 만족할 때, $a \equiv b \pmod{n}$이라 쓰고 "정수 a, b는 **법**(modulus) n에 관해서 **합동**이다"라고 한다.

법 n에 관하여 합동인 두 정수는 n으로 나누었을 때, 그 나머지가 같은 정수 이다.

정리 6.14 주어진 양의 정수 n에 대하여 정수 a, b가 $a \equiv b \pmod{n}$이기 위한 필요충분조건은 정수 a, b를 n으로 나누었을 때 나머지가 같을 때이다.

증명 이명 $a \equiv b \pmod{n}$을 가정하면 정수 k가 존재해서 $a-b=kn$이다. 나눗셈 정리에 이용하면 정수 q와 r이 존재하여 $b=nq+r$이다. 즉 b를 n으로 나눈 나머지는 r이다. $a=nk+b$ $=nk+nq+r$ $=n(k+q)+r$이므로 a를 n으로 나눈 나머지는 r이 된다.

a, b를 n으로 나누었을 때 나머지 r이라 가정하자. 즉 q_1, q_2가 존재해서 $a=nq_1+r$, $b=nq_2+r$이다. $a-b=nq_1+r-(nq_2+r)$ $=n(q_1-q_2)$이므로 $n \mid a-b$. 즉 $a \equiv b \pmod{n}$. ∎

예제 6.4

$$\cdots \equiv -3 \equiv -1 \equiv 1 \equiv 3 \equiv \cdots \pmod{2}$$

정리 6.12 주어진 양의 정수 n과 임의의 정수 a, b, c, d에 대하여 다음이 성립한다.

(1) $a \equiv a \pmod{n}$

(2) $a \equiv b \pmod{n}$이면 $b \equiv a \pmod{n}$이다.

(3) $a \equiv b \pmod{n}$, $c \equiv d \pmod{n}$, 이면 $a \equiv c \pmod{n}$이다.

(4) $a \equiv b \pmod{n}$, $c \equiv d \pmod{n}$이면 $a+c \equiv b+c \pmod{n}$, $ac \equiv bd \pmod{n}$이다.

(5) $a \equiv b \pmod{n}$이면 $a+c \equiv b+c \pmod{n}$, $ac \equiv bc \pmod{n}$이다.

증명 (1) $n \mid 0 = a - a$이므로 $a \equiv a \pmod{n}$이다.

(2) $a \equiv b \pmod{n}$이므로 $n \mid a - b$이다.

따라서 $n \mid b - a = -(a-b)$이다. 즉 $b \equiv a \pmod{n}$.

(3) $a \equiv b \pmod{n}$, $c \equiv d \pmod{n}$에서 $n \mid a - b$, $n \mid b - c$이므로 $n \mid (a-b) + (b-c) = a - c$이다.

(4) $a \equiv b \pmod{n}$, $c \equiv d \pmod{n}$에서 $n \mid a - b$, $n \mid c - d$이므로 $n \mid (a-b) + (c-d) = (a+c) - (b+d)$이다. 즉 $a + c \equiv b + c \pmod{n}$이다. $ac - bd = ac - bc + bc - bd = (a+b)c + b(c-d)$이므로 $n \mid ac - bd$이다.

(5) $c = d$로 하여 (4)를 적용한다. ■

예제 6.5 $2^{20} \equiv 4 \pmod{7}$임을 보여라.

(풀이) $2^3 = 8 \equiv 1 \pmod{7}$이므로 정리 6.15에 의해 $2^6 \equiv 1 \pmod{7}$, $2^{12} \equiv 1 \pmod{7}$, $2^8 \equiv 1 \pmod{7}$이고 $2^{20} = 2^{18} \cdot 2^2 \equiv 1 \cdot 2^2 \pmod{7}$이다. ■

> 정리 6.16 정수 a, b, c와 양의 정수 n에 대하여 $d = (c, n)$이라 하자. $ac \equiv bc \pmod{n}$이면 $a \equiv b \pmod{\frac{n}{d}}$이다.

증명 $ac \equiv bc \pmod{n}$에서 $n \mid (a-b)c$이므로 정수 k가 존재하여 $(a-b)c = kn$이다. $d = (c, n)$이므로 $1 = \left(\frac{c}{d}, \frac{n}{d}\right)$이고 $(a-b)\frac{c}{d} = k\frac{n}{d}$에서 $\frac{n}{d} \,\Big|\, (a-b)\frac{c}{d}$이다. ■

정리 6.12 (1)에 의해서 $\frac{n}{d} \mid (a-b)$이다. 즉 $a \equiv b \pmod{\frac{n}{d}}$.

6.6 일차합동식

정수 a, b에 대해서 방정식 $ax=b$가 정수해를 갖기 위한 필요충분조건은 $a \mid b$이다. 여기에서 일차합동식 $ax \equiv b \pmod{n}$이 해를 갖는 조건에 대해서 알아보자. 이런 합동방정식의 해는 정수 x_0로 $ax_0 \equiv b \pmod{n}$를 만족하는 것을 말한다. 즉 정수 k가 존재해서 $ax_0 - b = nk$를 만족하는 정수 x_0가 해이다. 따라서 일차합동식 $ax \equiv b \pmod{n}$의 해를 구하는 것은 $ax-b=nk$를 만족하는 모든 정수 해를 구하는 것과 같은 문제이다. 그리고 일차합동식 $ax \equiv b \pmod{n}$이 법 n에 대하여 합동인 해를 갖는 것은 같은 해로 본다. 예를 들어, $x=3$과 $x=-9$는 일차합동식 $3x \equiv 9 \pmod{12}$를 만족하며 $3 \equiv -9 \pmod{12}$이므로 3과 -9는 같은 해이다.

> 정리 6.17 정수 a, b와 양의 정수 n에 대하여 $(a, n)=1$이면 **일차합동식** $ax \equiv b \pmod{n}$의 해는 존재하고 유일한 해를 갖는다.

증명 정리 4.2에 따르면 $(a, n)=1$이므로 정수 s와 t가 존재하여 $as+nt=1$이다. 양변에 b를 곱하면 $asb=b-bnt$이므로 $asb \equiv b \pmod{n}$이다. 따라서 $x \equiv sb \pmod{n}$는 일차합동식 $ax \equiv b \pmod{n}$의 해가 된다. 다음으로 해의 유일성을 보이자. $ax_0 \equiv b \pmod{n}$라고 하면 $a(sb) \equiv b \pmod{n}$이고 $(a, n)=1$이므로 $sb \equiv x_0 \pmod{n}$이다.

예제 6.6 일차합동식 $4x \equiv 3 \pmod{21}$의 해를 구하라.

(풀이) $21=4 \cdot 5+1$이므로 $1=21 \cdot 1+4 \cdot (-5)$가 된다. 양변에 3을 곱하면

$$4 \cdot (-5) \cdot 3+21 \cdot 1 \cdot 3=3$$

이다. 따라서 $4 \cdot (-15) \equiv 3 \pmod{21}$이다.
그러므로 $x \equiv -15 \equiv 6 \pmod{21}$가 $4x \equiv 3 \pmod{21}$의 해이다. ■

예제 6.7 $7x \equiv 4 \pmod{12}$의 해를 구하라.

(풀이) $12 = 7 \cdot 1 + 5$

$7 = 5 \cdot 1 + 2$

$5 = 2 \cdot 2 + 1$

따라서

$$1 = 5 - 2 \cdot 2 = 5 - (7 - 5 \cdot 1)$$
$$= 5 \cdot 3 - 2 \cdot 7 = (12 - 7 \cdot 1) \cdot 3 - 2 \cdot 7$$
$$= 12 \cdot 3 - 5 \cdot 7$$

양변에 4를 곱하면

$4 = 12 \cdot 12 - 20 \cdot 7$이므로 $7 \cdot (-20) \equiv 4 \pmod{12}$이다. 따라서 해는 $x \equiv -20 \equiv 4 \pmod{12}$이다. ■

> 정리 6.18 정수 a, b와 양의 정수 n에 대하여 $(a, n) = d$이면 일차합동식 $ax \equiv b \pmod{n}$이 근을 갖기 위한 필요충분조건은 $d \mid b$이다. 이 때, 일차합동식 $ax \equiv b \pmod{n}$은 서로 합동이 아닌 d개의 해를 다음과 같이 갖는다.
>
> $$x \equiv x_0 + \frac{n}{d}k \pmod{n} \quad k = 0, 1, 2, \cdots, d-1$$
>
> 여기에서 x_0는 $\frac{a}{d}x \equiv \frac{b}{d} \pmod{\frac{n}{d}}$의 해이다.

예제 6.8 $9x \equiv 12 \pmod{15}$의 해를 구하라.

(풀이) $(9,\ 15)=3$이고 $3 \mid 12$이므로 $9x \equiv 12 \pmod{15}$는 3개의 해를 갖는다.

$$15 = 9 \cdot 1 + 6$$

$$9 = 6 \cdot 1 + 3$$

따라서 $3 = 9 - 6 \cdot 1 = 9 - (15-9) = 9 \cdot 2 + 15 \cdot (-1)$이다. 양변에 4를 곱하면 $9 \cdot 8 + 15 \cdot (-4) = 12$이므로 $x \equiv 8 \pmod{15}$가 하나의 해고 나머지 해는 $x \equiv 8+5 \equiv 13 \pmod{15}$, $x \equiv 8 + 5 \cdot 2 \equiv 18 \equiv 3 \pmod{15}$이다. ■

> 정의 6.19 $(a,\ m)=1$인 정수 a에 대하여 일차합동식 $ax \equiv 1 \pmod{m}$의 해를 법 m에 관한 a의 역원(an inverse of a modulo m)이라 한다.

예제 6.9 법 31에 관한 7의 역원을 구하라.

(풀이) 정의에 따르면 법 31에 관한 7의 역원은 일차합동식 $7x \equiv 1 \pmod{31}$이다. 이 합동식의 해는 $x \equiv 9 \pmod{31}$이므로 9는 법 31에 관한 7의 역원이다. ■

법 m에 관한 a의 역원이 있을 경우 역원을 이용하여 일차합동식 $ax \equiv b \pmod{m}$을 풀 수 있다. $\bar{a}$를 법 m에 관한 a의 역원이라 하자. $\bar{a}$를 $ax \equiv b \pmod{m}$의 양변에 곱해주면

$$\bar{a}ax \equiv \bar{a}b \pmod{m}$$

가 되므로 $x \equiv \bar{a}b \pmod{m}$이다.

예제 6.10 $7x \equiv 22 \pmod{31}$의 해를 구하라.

(풀이) 양변에 법 31에 관한 7의 역원인 9를 곱해주면

$$9\times 7x \equiv 9\times 22 \pmod{31}$$

이 되므로 $x\equiv 198\equiv 12 \pmod{31}$이다. ▩

6.7 연립일차 합동식

여기에서 미지수의 수와 합동식의 수가 같은 한 개 이상의 일차합동식에 관해서 생각해보자.

예제 6.11 다음의 연립합동식을 풀어라

$$\begin{cases} 3x+4y\equiv 5 & \pmod{13} \\ 2x+5y\equiv 7 & \pmod{13} \end{cases}$$

(풀이) 첫 번째 합동식의 양변에 5를 곱하고 두 번째 합동식의 양변에 4를 곱해서

$$\begin{cases} 15x+20y\equiv 25 & \pmod{13} \\ 8x+20y\equiv 28 & \pmod{13} \end{cases}$$

을 얻는다. 첫 번째 식에서 두 번째 식을 빼면

$$7x\equiv -3 \pmod{13}$$

이다. 2는 법 13에 관한 7의 역원이므로

$$2\times 7x\equiv 2\times(-3) \pmod{13}$$

이다. 따라서 $x\equiv 7 \pmod{13}$이다.

같은 방법으로 연립합동식에서 첫 번째 식의 양변에 2를 곱하고, 두 번째 식의 양변에 3을 곱하면

$$\begin{cases} 6x+8y\equiv 10 & \pmod{13} \\ 6x+15y\equiv 21 & \pmod{13} \end{cases}$$

을 얻으며, 두 번째 식에서 첫 번째 식을 빼면 $7x\equiv 11$

(mod 13)이다. 양변에 2를 곱하면 $y \equiv 9 \pmod{13}$이다. 따라서 주어진 연립합동식의 해는 $x \equiv 7$, $y \equiv 9 \pmod{13}$이다. ■

정리 6.20 정수 a, b, c, d, e, f와 m에 대하여 $m > 0$, $(\Delta, m) = 1$, 여기에서 $\Delta = ad - bc$이면

$$\begin{cases} ax + by \equiv e \pmod{m} \\ cx + dy \equiv f \pmod{m} \end{cases}$$

은 유일한 해를 갖고 그 해는

$$\begin{cases} x \equiv \overline{\Delta}(de - bf) \pmod{m} \\ y \equiv \overline{\Delta}(af - ce) \pmod{m} \end{cases}$$

이다. 여기에서 $\overline{\Delta}$는 법 m에 관한 Δ의 역원이다.

예제 6.12 다음 연립합동식을 풀어라

$$\begin{cases} x + 2y \equiv 1 \pmod{5} \\ 2x + y \equiv 1 \pmod{5} \end{cases}$$

(풀이) 두 번째 식의 양변에 2를 곱하면

$$\begin{cases} x + 2y \equiv 1 \pmod{5} \\ 4x + 2y \equiv 2 \pmod{5} \end{cases}$$

이 되고 두 번째 식에서 첫 번째 식을 빼면

$$3x \equiv 1 \pmod{5}$$

가 된다. 2는 법 5에 대하여 3의 역원이므로 양변에 곱하면

$$2 \cdot 3x \equiv 2 \cdot 1 \pmod{5}$$

이고 따라서 $x \equiv 2 \pmod{5}$이다.

주어진 연립합동식의 첫 번째 식에 2를 곱하면

$$\begin{cases} 2x + 4y \equiv 2 \pmod{5} \\ 2x + y \equiv 1 \pmod{5} \end{cases}$$

가 되고 첫 번째 식에서 두 번째 식을 빼면

$$3y \equiv 1 \pmod{5}$$

이다. 같은 방법으로 $y \equiv 2 \pmod{5}$이다.

정리 6.20을 이용해도 같은 결과를 얻을 수 있다.

$\Delta = 1 \cdot 1 - 2 \cdot 2 = -3 \equiv 2 \pmod{5}$이고 $(2, 5) = 1$이다.

$\overline{\Delta} = 3$이므로

$$x \equiv 3(1 \cdot 1 - 2 \cdot 1) = -3 \equiv 2 \pmod{5}$$

$$y = 3(1 \cdot 1 - 2 \cdot 1) = -3 \equiv 2 \pmod{5}$$ ■

예제 6.13 다음 연립합동식을 풀어라

$$\begin{cases} 3x + 4y \equiv 5 \pmod{13} \\ 2x + 5y \equiv 7 \pmod{13} \end{cases}$$

(풀이) 위의 정리를 사용하여 해를 구해보자.

$\Delta = 3 \cdot 5 - 4 \cdot 2 = -6 \equiv 7 \pmod{13}$이고 $(7,\ 13) = 1$이므로 유일한 해를 갖는다. $\overline{\Delta} = 2$이므로

$$x \equiv 2(5 \cdot 5 - 4 \cdot 7) = -6 \equiv 7 \pmod{13}$$

$$y \equiv 2(3 \cdot 7 - 2 \cdot 5) = 22 \equiv 9 \pmod{13}$$ ■

6.8 문자암호

고대부터 현재에 이르기까지 비밀리에 문서를 보내는 것이 필요한 경우가 있다. 외교 문서나 특히 전쟁 중에는 다른 사람이 알 수 없도록 비밀문서가 사용되었다. 오늘 날에는 전자통신이 광범위하게 사용되므로 비밀 유지가 매우 중요한 문제이다.

우선 앞으로 사용하게 될 용어에 대해서 알아보자. 비밀유지를 연구하는 이론을 암호론이라 한다. 암호작성법은 암호를 만들고 비밀 유지를 하는 암호론의 한 분야이며, 암호해독은 이런 암호를 해독하는 것이다. 비밀문서로

바뀔 문서를 평문이라 하고 암호는 평문에 사용되는 문자를 변형시켜 암호문으로 바꾸는 방법을 말한다. 평문을 암호문으로 바꾸는 과정을 암호화한다고 하고 암호문을 평문으로 바꾸는 과정을 해독한다고 한다.

여기에서는 합동관계를 이용한 간단한 암호를 소개하도록 하자. 모든 암호체계는 문자를 숫자로 바꾸는 일부터 시작된다. 이 방법은 **줄리어스 시저**(Julius Ceasar)에 의해서 시작되어 **시저암호**라고 한다.

문자	A	B	C	D	E	F	G	H	I	J	K	L	M
숫자	0	1	2	3	4	5	6	7	8	9	10	11	12
문자	N	O	P	Q	R	S	T	U	V	W	X	Y	Z
숫자	13	14	15	16	17	18	19	20	21	22	23	24	25

영어 이외의 문자를 사용하는 경우에도 각 문자에 적당한 정수를 부여함으로 영어의 경우와 같은 방법으로 할 수 있다.

가장 간단한 암호의 방법은 각 문자를 알파벳에서 세 단계 아래에 있는 문자로 대치시키는 것이다. 마지막에 있는 세 문자는 맨 앞에 있는 세문자로 대치시킨다. 그러면 다음과 같은 표를 얻을 수 있다.

문자	A	B	C	D	E	F	G	H	I	J	K	L	M
숫자	3	4	5	6	7	8	9	10	11	12	13	14	15
문자	N	O	P	Q	R	S	T	U	V	W	X	Y	Z
숫자	16	17	18	19	20	21	22	23	24	25	0	1	2

합동관계를 이용하여 이 암호를 표현하자. P가 평문에 있는 문자를 나타내는 수이고 C가 평문에서 P에 대응하는 숫자이면

$$C \equiv P+3 \pmod{26}$$

이 된다.

이 관계를 이용하여 암호문을 만들기 위해 우선 평문 속의 문자 다섯 개를 하나의 묶음으로 나눈다. 문자에 대응하는 숫자로 바꾼 다음 위의 합동식을 이용하여 숫자를 대응 시킨다. 다섯 문자를 하나의 묶음으로 나누는 이유는 단어를 추측해 암호문을 해독하는 것을 막기 위해서이다.

예를 들면

THIS MESSAGE IS TOP SECRET

이라는 문장을 암호문으로 만들어 보자. 우선 다섯 문자를 하나의 묶음으로 나눈다.

THISM ESSAG EISTO PSECR ET

이 문장에 있는 문자에 대응하는 숫자를 쓰면

19 7 8 18 12, 4 18 18 0 6, 4 8 18 19 14,
15 18 4 2 17, 4 19

가 된다. $C \equiv P+3 \pmod{26}$를 이용하여 변형을 시키면

22 10 11 21 15, 7 21 21 3 9, 7 11 21 22 17,
18 21 7 5 20, 7 22

를 얻는다. 위의 수에 대응하는 문자를 써보면

WKLVL HVVDJ HLVWR SVHFU HW

가 된다. 위와 같은 문장은 문자에 대응하는 숫자로 바꾼 다음

$$P \equiv C-3 \pmod{26}$$

의 관계를 이용하면 처음의 문장을 알 수 있다.

예를 들어

WKLVL VKRZZ HGHFL SKHU

라는 문장의 경우 문자에 대응하는 숫자는

22 10 11 21 11, 21 10 17 25 25, 7 6 7 5 11, 18 10 7 20

이다. $P \equiv C-3 \pmod{26}$을 이용하면

19 7 8 18 8, 18 7 14 22 22, 4 3 4 2 8, 15 7 4 17

이 된다. 이 숫자에 대응하는 문자는

THISI SHOWW EDECI PHER

가 되고 문장이 되도록 재배열하면

THIS IS HOW WE DECIPHER

라는 문장이 된다.

위와 같이 암호문을 만드는 방법을 시저암호라고 한다. 합동식을 이용해서 표현하면 $C \equiv P+k \pmod{26}$을 사용하는 암호이다. 여기에서 k는 알파벳에서 오른쪽으로 어느 정도 이동시키는 것을 결정한다.

위의 시저암호보다 조금 더 복잡한 암호에 대해서 알아보자.

$$C \equiv aP+b \pmod{26} \quad 0 \le C \le 25$$

으로 표현되는 아핀(affine)변형에 대해서 알아보자.
여기에서 a와 b는 정수이고 $(a, 26)=1$이 되는 정수를 선택하므로 a를 선택하는 12가지 방법이 있다.

$$C \equiv aP+b \pmod{26}$$

로 변형된 암호문이 있다면

$$P \equiv \overline{a}(C-b) \pmod{26} \quad 0 \le P \le 25$$

를 이용하여 원래의 문장을 찾을 수 있다. 여기에서 $\bar{a}$는 법 26에 대한 a의 역원이다. 예를 들어 $a=7$, $b=10$이라 하면 $C \equiv 7P+10 \pmod{26}$이 되고 대응하는 문자와 숫자와의 관계는 다음의 표와 같다.

평문	A	B	C	D	E	F	G	H	I	J	K	L	M
	0	1	2	3	4	5	6	7	8	9	10	11	12
	N	O	P	Q	R	S	T	U	V	W	X	Y	Z
	13	14	15	16	17	18	19	20	21	22	23	24	25
암호문	10	17	24	5	12	19	0	7	14	21	2	9	16
	K	R	Y	F	M	T	A	H	O	V	C	J	Q
	23	4	11	18	25	6	13	20	1	8	15	22	3
	X	E	L	S	Z	G	N	U	B	I	P	W	D

예를 들어

PLEASE SEND MONEY

를 암호문으로 만들어 보자.
평문 속의 문자에 대응하는 숫자는

15 11 4 0 18, 4 18 4 13 3, 12 14 13 4 24

이다. 관계식 $C \equiv 7P+10 \pmod{26}$에 의해서 위의 대응하는 숫자는

11 9 12 10 6, 12 6 12 23 5, 16 4 23 12 22

가 된다. 따라서 암호문은 LJMKG MGMXF QEXMW가 된다.

암호문

FEXEN ZMBMK JNHMG MYZMN

을 평문으로 고쳐보자. 암호문에 대응하는 숫자는

5 4 23 4 13, 25 12 1 12 10, 9 13 7 12 6, 12 24 25 12 13

이다. 이 숫자를 $P \equiv 15(C-10) \pmod{26}$으로 해독하면

3 14 13 14 19, 17 4 21 4 0, 11 19 7 4 18, 4 2 17 4 19

이고 평문으로 고치면

DO NOT REVEAL THE SECRET

이 된다.

시저암호에서는 k를 **아핀변형 암호**에서는 a, b를 비밀로 해야 한다. 그러나 시자 암호나 아핀변형 암호는 가장 간단한 암호 방식 중의 하나로 쉽게 해독할 수 있다. 사용 빈도를 분석함으로 k, a, b를 쉽게 구할 수 있다. 문자 암호를 해독하기 위해서 암호문에 나오는 문자의 빈도와 평범한 문장에서 나오는 문자의 빈도를 비교한다. 그러면 암호문의 문자와 평문의 문자에 관련된 정보를 얻을 수 있다. 영어 문장에서 나오는 문자의 빈도를 퍼센트로 나타낸 표가 아래에 주어져 있다.

문자	A	B	C	D	E	F	G	H	I	J	K	L	M
빈도(%)	7	1	3	4	13	3	2	3	8	<1	<1	4	3
문자	N	O	P	Q	R	S	T	U	V	W	X	Y	Z
빈도(%)	8	7	3	<1	8	6	9	3	1	1	<1	2	<1

위의 표에서 전형적인 영어 문장에서 자주 나오는 문자는 E, T, N, R, I, O와 A라는 것을 알 수 있다. 이것을 이용해 암호를 해독하는 정보를 얻을 수 있다.

암호문

YFXMP CESPZ CJTDF DPQFW QICPY NTASP CTYRX PDDLR PD

가 있다. 여기에서 가장 많이 나오는 문자는 P이고 C, D, F, T와 Y의 문자

가 상대적으로 많이 나온다.

첫 번째 추측으로 암호문에서 문자 P가 평문에서 E를 나타낸다고 하면 시저 암호에서 P와 E에 각각 대응하는 숫자는 15와 4이므로

$$15 \equiv 4 + k \pmod{26}$$

에서 $k \equiv 11 \pmod{26}$이 된다. 따라서

$$C \equiv P + 11 \pmod{26}, \ P \equiv C - 11 \pmod{26}$$

이라는 결론을 내릴 수 있다. 이 대응 관계를 이용하면 암호문에 대응하는 숫자

24 5 23 12 15, 2 4 18 15 25, 2 9 19 3 5, 3 15 16 5 22,
16 8 2 15 24, 13 19 0 18 15, 2 19 24 17 23, 15 3 3 11 17,
15 3

를 변형해 보면

13 20 12 1 4, 17 19 7 4 14, 17 24 8 18 20, 18 4 5 20 11,
5 14 17 4 13, 2 8 15 7 4, 17 8 13 6 12, 4 18 18 0 6, 4 18

가 된다. 이 숫자에 대응하는 문자는

NUMBE RTHEO RYISU SEFUL FOREN CIPHE RINGM ESSAG ES

이다. 단어를 다시 배열하면

NUMBER THEORY IS USEFUL FOR ENCIPHERING MESSAGES

라는 평문을 얻을 수 있다. 결론적으로 우리의 추측이 맞았고 만약 위의 대응관계가 이상한 문장으로 해독이 된다면 암호문에서 자주 나오는 문자를 다른 문자로 대응시켜 위의 방법을 다시 시도해 본다.

아핀변형 암호에서는 a와 b를 구해야 하므로 두 문자를 대응시켜 시도해 보아야 한다. 예를 들어 다음과 같은 암호문이 있다.

USLEL JUTCC YRTPS URKLT YGGFV ELYUS LRYXD JURTU ULVCU URJRK QLLQL YXSRV LBRYZ CYREK LVEXB RYZDG HRGUS LJLLM LYPDJ LJTJU FALGU PTGVT JULYU SLDAL TJRWU SLJFE OLPU

문자 L이 암호문에서 가장 많이 나오며 문자 U가 다음으로 자주 나타난다. 따라서 L은 E로 U는 T로 대응시키자.

아핀변형 암호는 $C \equiv aP + B \pmod{26}$이고 E는 4, L은 11, T는 19, U는 20에 대응되므로

$$\begin{cases} 4a + b \equiv 11 & \pmod{26} \\ 19a + b \equiv 20 & \pmod{26} \end{cases}$$

의 연립합동식을 얻는다. 이 연립합동식을 풀면

$$a \equiv 11 \pmod{26},\ b \equiv 19 \pmod{26}$$

이다. 따라서 이 해독이 옳다면 19가 법 26에 대한 11의 역원이므로

$$P \equiv 19(C - 19) \equiv 19C - 361 \equiv 19C + 3 \pmod{26},\ 0 \le P \le 25$$

가 된다. 따라서 위의 암호문을 해독하여 숫자로 표현하면

19 7 4 1 4, 18 19 0 15 15, 17 14 0 2 7, 19 14 11 4 0,
17 13 13 20 12, 1 4 17 19 7, 4 14 17 24 8, 18 19 14 0 19,
19 4 12 15 19, 19 14 18 14 11, 21 4 4 21 4, 17 24 7 14 12,
4 22 14 17 10, 15 17 14 1 11, 4 12 1 24 22, 14 17 10 8 13,
6 14 13 19 7, 4 18 4 4 23, 4 17 2 8 18, 4 18 0 18 19,
20 3 4 13 19, 2 0 13 12 0, 18 19 4 17 19, 7 4 8 3 4,
0 18 14 5 19, 7 4 18 20 1, 9 4 2 19

이 되고 문자를 대응시키면

THEBE STAPP ROACH TOLEA RNNUM BERTH EORYI STOAT TEMPT TOSOL VEEVE RYHOM EWORK PROBL EMBYW ORKIN GONTH ESEEX ERCIS ESAST UDENT CANMA STERT HEIDE ASOFT HESUB JECT.

이다. 문장이 되도록 재배열하면

THE BEST APPROACH TO LEARN NUMBER THEORY IS TO ATTEMPT TO SOLVE EVERY HOMEWORK PROBLEM BY WORKING ON THESE EXERCISES A STUDENT CAN MASTER THE IDEAS OF THE SUBJECT

라는 문장을 얻을 수 있다.

연습문제 (6)

1. $a \mid b_1$, $a \mid b_2$, $\cdots$, $a \mid b_n$이면 임의의 정수 k_1, k_2, $\cdots$, k_n에 대하여

$$a \mid (b_1k_1 + b_2k_2 + \cdots + b_nk_n)$$

임을 보여라.

2. $(a, b) = 1$이고 $c \mid a$이면 $(c, b) = 1$임을 보여라.

3. 다음의 정수가 소수인지 판정하라.

(1) 101 (2) 107 (3) 113

(4) 201 (5) 207 (6) 213

4. 다음의 최대공약수를 구하라.

(1) (45, 75)　(2) (666, 1414)　(3) (51, 87)

(4) (105, 300)　(5) (981, 1234)　(6) (4, 21)

5. 다음 일차합동식을 풀어라.

(1) $2x \equiv 5 \pmod{7}$　(2) $3x \equiv 6 \pmod{9}$

(3) $3x \equiv 2 \pmod{7}$　(4) $17x \equiv 14 \pmod{21}$

(5) $12x \equiv 25 \pmod{97}$　(6) $6x \equiv 12 \pmod{9}$

6. 다음 연립일차합동식을 구하라.

(1) $\begin{cases} x+2y \equiv 3 & \pmod{6} \\ 2x+3y \equiv 12 & \pmod{6} \end{cases}$　(2) $\begin{cases} x+3y \equiv 1 & \pmod{5} \\ 3x+4y \equiv 2 & \pmod{5} \end{cases}$

(3) $\begin{cases} 2x+3y \equiv 5 & \pmod{7} \\ x+5y \equiv 6 & \pmod{7} \end{cases}$　(4) $\begin{cases} 4x+y \equiv 5 & \pmod{7} \\ x+2y \equiv 4 & \pmod{7} \end{cases}$

7. 평문 I LOVE YOU를 시저암호 $(k=3)$을 사용하여 암호문으로 고쳐라.

8. 다음의 암호문은 아핀변형 암호문이다. 아핀변형에서 사용된 a와 b를 구하고 평문을 구하라.

FMXVE DKAPH FERBN DKRXR SREFM ORUDS DKDVS HVUFE

DKAPR KDLYE VLRHH RH

7
행 렬

고등학교 수학에서 행렬은 "몇 개의 수 또는 문자를 직사각형의 모양으로 배열하여 괄호로 묶어서 나타낸 것"으로 정의하고 있다. 행렬은 정보를 저장하고 다루는데 사용된다. 특히 컴퓨터를 이용하여 많은 양의 정보를 처리하기 위해서는 행렬의 사용이 필수적이다. 실험 결과나 정보를 행렬로 나타낼 수 있고 행렬의 연산을 이용하면 쉽게 계산해낼 수 있다.

7.1 행렬의 정의

수 또는 문자를 다음과 같이 직사각형 모양으로 배열한 것을 **행렬**(matrix)이라 하고 그 각각의 수나 문자를 **행렬의 성분**(entry)이라 한다.

$$A = \begin{pmatrix} a_{11} & a_{12} & \cdots & a_{1n} \\ a_{21} & a_{22} & \cdots & a_{2n} \\ \vdots & \vdots & & \vdots \\ a_{m1} & a_{m2} & \cdots & a_{mn} \end{pmatrix}$$

이렇게 m개의 행과 n개의 열로 이루어진 행렬을 $m \times n$ 행렬이라 하고 이때, $m \times n$을 행렬 A의 크기(size)라고 한다. 행렬 A를 $A = (a_{ij})_{m \times n}$ 또는 간단히 $A = (a_{ij})$라고 나타낸다. $m \times 1$ 행렬은 **행백터**(row vector), $1 \times n$ 행렬은 **열벡터**(column vector)라고 한다.

행렬 A의 i번째 행을 행벡터 $A_{(i)}$라고 하면 행렬 A를 다음과 같이 나타낼 수 있다.

$$A = \begin{pmatrix} (a_{11} & a_{12} & \cdots & a_{1n}) \\ (a_{21} & a_{22} & \cdots & a_{2n}) \\ & & \vdots & \\ (a_{m1} & a_{m2} & \cdots & a_{mn}) \end{pmatrix} = \begin{pmatrix} A_{(1)} \\ A_{(2)} \\ \vdots \\ A_{(m)} \end{pmatrix}$$

같은 방법으로 행렬 A의 j번째 열을 열벡터 $A^{(j)}$라고 하면 행렬 A를 다음과 같이 나타낼 수 있다.

$$A = \left(\begin{pmatrix} a_{11} \\ a_{21} \\ \vdots \\ a_{m1} \end{pmatrix} \begin{pmatrix} a_{12} \\ a_{22} \\ \vdots \\ a_{m2} \end{pmatrix} \cdots \begin{pmatrix} a_{1n} \\ a_{2n} \\ \vdots \\ a_{mn} \end{pmatrix} \right) = \begin{pmatrix} A^{(1)} & A^{(2)} & \cdots & A^{(n)} \end{pmatrix}$$

모든 성분이 0인 $m \times n$ 행렬을 **영행렬**(zero matrix)이라 하고, 행렬의 크기를 나타낼 필요가 있을 때는 $O_{m \times n}$ 또는 간단히 O로 나타낸다. 행과 열의 수가 같은 행렬, 즉 $m = n$인 행렬을 **정사각행렬**(square matrix)이라 한다.

n차 정사각행렬 A의 성분 중 행과 열의 위치가 같은 성분을 대각성분이

라 한다. 즉 a_{11}, a_{22}, $\cdots$, a_{nn}를 행렬 A의 대각성분이라 한다.

n차 정사각행렬에서 대각성분이 1이고 나머지 성분들이 0인 행렬을 **단위 행렬**(identity matrix)이라 하고 I_n 또는 I로 나타낸다.

$$I=\begin{pmatrix} 1 & 0 & \cdots & 0 \\ 0 & 1 & \cdots & 0 \\ \vdots & \vdots & \ddots & \vdots \\ 0 & 0 & & 1 \end{pmatrix}$$

예제 7.1 다음 행렬의 크기를 구하라.

$$A=\begin{pmatrix} 1 & 2 & 3 \\ 4 & 5 & 6 \end{pmatrix},\ B=\begin{pmatrix} 1 & 2 & 1 \\ 3 & 2 & 2 \\ 5 & 6 & 7 \end{pmatrix},\ C=\begin{pmatrix} 0 & 1 & 3 & 4 \\ 3 & 7 & 5 & 6 \\ 0 & 0 & 3 & 1 \end{pmatrix},$$

$$D=(1 \quad 5 \quad 7 \quad 8),\ E=\begin{pmatrix} 3 \\ 2 \\ 6 \end{pmatrix}$$

(풀이) A는 2×3행렬, B는 3×3행렬, 즉 3차 정사각행렬이고 C는 3×4 행렬, D는 1×4행렬, E는 3×1행렬이다. ■

7.2 행렬의 연산

다음과 두 행렬이 주어졌다고 하자.

$$A=\begin{pmatrix} a_{11} & a_{12} & \cdots & a_{1k} \\ a_{21} & a_{22} & \cdots & a_{2k} \\ \vdots & \vdots & & \vdots \\ a_{m1} & a_{m2} & \cdots & a_{mk} \end{pmatrix},\quad B=\begin{pmatrix} b_{11} & b_{12} & \cdots & b_{1n} \\ b_{21} & b_{22} & \cdots & b_{2n} \\ \vdots & \vdots & & \vdots \\ b_{l1} & b_{l2} & \cdots & b_{ln} \end{pmatrix}$$

두 행렬 A, B가 같다(equal)는 것은 두 행렬 A, B의 크기가 같고 즉 $m=l$,

$k=n$이고 $a_{ij}=b_{ij}$일 때이며 $A=B$라고 쓴다.

예제 7.2 두 행렬

$$A=\begin{pmatrix} 2 & x & y \\ 3 & -2 & 7 \\ 1 & 2 & 3 \end{pmatrix},\ B=\begin{pmatrix} 2 & 3 & -1 \\ 3 & -2 & z \\ 1 & 2 & 3 \end{pmatrix}$$

가 $A=B$인 필요충분조건은 $x=3$, $y=-1$, $z=7$이다.

두 행렬 A, B의 덧셈은 크기가 같은 행렬에 대해서 다음과 같이 정의한다.

$$A+B=\begin{pmatrix} a_{11}+b_{11} & a_{12}+b_{12} & \cdots & a_{1n}+b_{1n} \\ a_{21}+b_{21} & a_{22}+b_{22} & \cdots & a_{2n}+b_{2n} \\ \vdots & \vdots & & \vdots \\ a_{m1}+b_{m1} & a_{m2}+b_{m2} & \cdots & a_{mn}+b_{mn} \end{pmatrix}$$

예제 7.3 $A=\begin{pmatrix} 1 & 0 & 3 \\ 2 & 3 & 1 \end{pmatrix}$, $B=\begin{pmatrix} 2 & 1 & 1 \\ 3 & 2 & 1 \end{pmatrix}$, $C=\begin{pmatrix} 1 & 0 \\ 2 & 1 \end{pmatrix}$에서

$A+B=\begin{pmatrix} 1+2 & 0+1 & 3+1 \\ 2+3 & 3+2 & 1+1 \end{pmatrix}=\begin{pmatrix} 3 & 1 & 4 \\ 5 & 5 & 2 \end{pmatrix}$이다. 그러나 A와 C 또는 B와 C는 크기가 다르므로 더할 수 없다.

행렬 A의 스칼라 곱은 다음과 같이 정의한다.

$$kA=\begin{pmatrix} ka_{11} & ka_{12} & \cdots & ka_{1k} \\ ka_{21} & ka_{22} & \cdots & ka_{2k} \\ \vdots & \vdots & & \vdots \\ ka_{m1} & ka_{m2} & \cdots & ka_{mk} \end{pmatrix}$$

예제 7.4 $A=\begin{pmatrix} 1 & 0 & 3 \\ 2 & 3 & 1 \end{pmatrix}$, $B=\begin{pmatrix} 2 & 1 & 1 \\ 3 & 2 & 1 \end{pmatrix}$에서 $2A$와 $(-1)A$를 구하라.

(풀이) $2A=\begin{pmatrix} 2 & 0 & 6 \\ 4 & 6 & 2 \end{pmatrix}$, $(-1)B=\begin{pmatrix} -2 & -1 & -1 \\ -3 & -2 & -1 \end{pmatrix}$

일반적으로 $(-1)B$는 간단히 $-B$로 쓴다. ■

정리 7.1 A, B, C는 $m \times n$행렬이고 a, b가 스칼라일 때, 다음이 성립한다.

(1) $A+B=B+A$ (덧셈의 교환법칙)

(2) $(A+B)+C=A+(B+C)$ (덧셈의 결합법칙)

(3) $A+O=A$

(4) $A+(-A)=O$

(5) $a(B+C)=aB+aC$

(6) $(a+b)A=aA+bA$

(7) $(ab)A=a(bA)=b(aA)$

(8) $1A=A$

행렬의 곱셈은 조금 번거롭다. 행렬의 곱셈은 항상 가능한 것이 아니라 앞에서 곱해지는 행렬의 열 개수와 뒤에서 곱해지는 행렬의 행 개수가 같을 때만 곱셈이 가능하다. 즉 $k=l$일 때 두 행렬의 곱셈 AB를 정의할 수 있고 곱셈 결과인 행렬의 크기는 $m \times n$이다.

두 행렬

$$A=\begin{pmatrix} a_{11} & a_{12} & \cdots & a_{1k} \\ a_{21} & a_{22} & \cdots & a_{2k} \\ \vdots & \vdots & & \vdots \\ a_{m1} & a_{m2} & \cdots & a_{mk} \end{pmatrix},\ B=\begin{pmatrix} b_{11} & b_{12} & \cdots & b_{1n} \\ b_{21} & b_{22} & \cdots & b_{2n} \\ \vdots & \vdots & & \vdots \\ b_{k1} & b_{k2} & \cdots & b_{kn} \end{pmatrix}$$

에 대하여 A와 B의 **곱**(product) AB를 다음과 같이 정의한다.

$$AB=\begin{pmatrix} \sum_{l=1}^{k} a_{1l}b_{l1} & \sum_{l=1}^{k} a_{1l}b_{l2} & \cdots & \sum_{l=1}^{k} a_{1l}b_{ln} \\ \sum_{l=1}^{k} a_{2l}b_{l1} & \sum_{l=1}^{k} a_{2l}b_{l2} & \cdots & \sum_{l=1}^{k} a_{2l}b_{ln} \\ \vdots & \vdots & & \vdots \\ \sum_{l=1}^{k} a_{ml}b_{l1} & \sum_{l=1}^{k} a_{ml}b_{l2} & \cdots & \sum_{l=1}^{k} a_{ml}b_{ln} \end{pmatrix}$$

위의 정의에서 AB의 (i, j) 성분은 A의 i행에 있는 각 성분에 B의 j열에 있는 성분을 차례로 곱하여 모두 더한 것이다. 따라서 A의 열의 개수와 B의 행의 개수가 같을 때에만 A와 B의 곱이 정의된다.

행렬의 곱셈에 대한 유용한 기호를 알아보자. $A=(a_{ij})$를 $m\times k$ 행렬, $B=(b_{ij})$를 $k\times n$ 행렬이라고 하자. 행렬 A의 i번째 행을 $A_{(i)}$,행렬 B의 j번째 열을 $B^{(j)}$라고 하면

$$AB=\begin{pmatrix} A^{(1)} \\ A^{(2)} \\ \vdots \\ A^{(m)} \end{pmatrix}\begin{pmatrix} B^{(1)} & B^{(2)} & \cdots & B^{(n)} \end{pmatrix}$$

$$=\begin{pmatrix} A_{(1)}B^{(1)} & A_{(1)}B^{(2)} & \cdots & A_{(1)}B^{(n)} \\ A_{(2)}B^{(1)} & A_{(2)}B^{(2)} & \cdots & A_{(2)}B^{(n)} \\ \vdots & \vdots & & \vdots \\ A_{(m)}B^{(1)} & A_{(m)}B^{(2)} & \cdots & A_{(m)}B^{(n)} \end{pmatrix}$$

여기에서 $A_{(i)}B^{(j)} = \begin{pmatrix} a_{i1} & a_{i2} & \cdots & a_{ik} \end{pmatrix}\begin{pmatrix} b_{1j} \\ b_{2j} \\ \vdots \\ b_{kj} \end{pmatrix} = a_{i1}b_{1j} + a_{i2}b_{2j} + \cdots + a_{ik}b_{kj}.$

행렬의 곱셈은 다음의 선형연립방정식에서 유래했다.

$$\begin{cases} a_{11}x_1 + a_{12}x_2 + \cdots + a_{1n}x_n = b_1 \\ a_{21}x_1 + a_{22}x_2 + \cdots + a_{2n}x_n = b_2 \\ \vdots \qquad \vdots \qquad \vdots \qquad \vdots \\ a_{m1}x_1 + a_{m2}x_2 + \cdots + a_{mn}x_n = b_m \end{cases}$$

행렬의 곱셈과 관련해서 위의 연립방정식은 다음과 같이 쓸 수 있다.

$$A=\begin{pmatrix} a_{11} & a_{12} & \cdots & a_{1n} \\ a_{21} & a_{22} & \cdots & a_{2n} \\ \vdots & \vdots & & \vdots \\ a_{m1} & a_{m2} & \cdots & a_{mn} \end{pmatrix},\ X=\begin{pmatrix} x_1 \\ x_2 \\ \vdots \\ x_n \end{pmatrix},\ B=\begin{pmatrix} b_1 \\ b_2 \\ \vdots \\ b_m \end{pmatrix}$$

라고 하면

$$AX=B.$$

예제 7.5 $A=\begin{pmatrix} 1 & -1 & 0 \\ 2 & 3 & 1 \end{pmatrix},\ B=\begin{pmatrix} -1 & 1 \\ 2 & 0 \\ 1 & 2 \end{pmatrix}$에서 AB를 구하라.

(풀이) $AB=\begin{pmatrix} 1 & -1 & 0 \\ 2 & 3 & 1 \end{pmatrix}\begin{pmatrix} -1 & 1 \\ 2 & 0 \\ 1 & 2 \end{pmatrix}$

$$=\begin{pmatrix} (1)(-1)+(-1)(0)+(0)(1) & (1)(1)+(-1)(0)+(0)(2) \\ (2)(-1)+(3)(2)+(1)(1) & (2)(1)+(3)(0)+(1)(2) \end{pmatrix}$$

$$=\begin{pmatrix} -1 & 1 \\ 5 & 4 \end{pmatrix}$$ ■

예제 7.6 $A=\begin{pmatrix} 1 & 2 \\ 1 & 2 \end{pmatrix},\ B=\begin{pmatrix} 1 & 2 \\ 2 & 1 \end{pmatrix}$에서 AB와 BA를 구하고 그 결과를 비교하라.

(풀이) $AB=\begin{pmatrix} 5 & 4 \\ 5 & 4 \end{pmatrix},\ BA=\begin{pmatrix} 3 & 6 \\ 3 & 6 \end{pmatrix}$이므로 $AB \neq BA$이다. 즉 일반적으로 행렬의 곱셈에서 교환법칙은 성립하지 않는다. ■

행렬은 크기에 따라 곱셈이 정의되지 않을 수도 있고 정의된다고 하여도 위의 예제처럼 교환법칙이 성립하지 않을 수 있다. 즉 일반적으로 곱셈이 정의되는 행렬에서도 $AB \neq BA$이다.

> 정리 7.2 행렬 A, B, C는 곱셈이 정의되는 크기의 행렬이고 스칼라 a에 대하여 다음이 성립한다.
>
> (1) $(AB)C = A(BC)$ (곱셈의 결합법칙)
>
> (2) $A(B+C) = AB+AC$ (분배법칙)
>
> (3) $(B+C)A = BA+CA$ (분배법칙)
>
> (4) $a(BC) = (aB)C = B(aC)$
>
> (5) $AO = OA = O$

행렬 A에 대하여 A와 크기가 같은 영행렬 O에 대하여

$$A + O = O + A = A$$

라는 것을 알고 있다. 즉 영행렬 O은 행렬의 덧셈에서 항등원이다. 그러나 실수의 연산에서 성립하는 다음의 성질이 행렬의 연산에서는 성립하지 않는다.

(1) $ab = ac$, $a \neq 0$이면 $b = c$이다.

(2) $ab = 0$이면 $a = 0$ 또는 $b = 0$이다.

예제 7.7 $A = \begin{pmatrix} 0 & 1 \\ 0 & 2 \end{pmatrix}$, $B = \begin{pmatrix} 1 & 1 \\ 3 & 4 \end{pmatrix}$, $C = \begin{pmatrix} 2 & 5 \\ 3 & 4 \end{pmatrix}$, $D = \begin{pmatrix} 2 & 5 \\ 0 & 0 \end{pmatrix}$에서

$AB = \begin{pmatrix} 3 & 4 \\ 6 & 8 \end{pmatrix} = AC$ 이나 $B \neq C$이고 $AD = O$이지만 $A \neq O$, $D \neq O$이다.

> 정의 7.3 A가 n차 정사각행렬일 때, A의 거듭제곱을 다음과 같이 정의한다.
>
> $$A^0 = I,\ A^k = A^{k-1}A$$

예제 7.8 $A=\begin{pmatrix}1 & 1\\0 & 1\end{pmatrix}$에서 A^k을 구하라.

(풀이) $A^2=\begin{pmatrix}1 & 1\\0 & 1\end{pmatrix}\begin{pmatrix}1 & 1\\0 & 1\end{pmatrix}=\begin{pmatrix}1 & 2\\0 & 1\end{pmatrix}$, $A^3=\begin{pmatrix}1 & 2\\0 & 1\end{pmatrix}\begin{pmatrix}1 & 1\\0 & 1\end{pmatrix}=\begin{pmatrix}1 & 3\\0 & 1\end{pmatrix}$ 따라서 임의의 양의 정수 k에 대하여 $A^k=\begin{pmatrix}1 & k\\0 & 1\end{pmatrix}$이다. ■

A가 $m\times n$ 행렬일 때, 단위행렬 I_m, I_n에 대하여

$$AI_n=I_mA=A$$

가 성립함을 쉽게 보일 수 있다.

예제 7.9 $A=\begin{pmatrix}2 & -1 & 3\\3 & 1 & -2\end{pmatrix}$에서 $I_2A=AI_3=A$임을 보여라

(풀이) $I_2A=\begin{pmatrix}1 & 0\\0 & 1\end{pmatrix}\begin{pmatrix}2 & -1 & 3\\3 & 1 & -2\end{pmatrix}$

$$=\begin{pmatrix}1\times2+0\times3 & 1\times(-1)+0\times1 & 1\times3+0\times(-2)\\0\times2+1\times3 & 0\times(-1)+1\times1 & 0\times3+1\times(-2)\end{pmatrix}$$

$$=\begin{pmatrix}2 & -1 & 3\\3 & 1 & -2\end{pmatrix}=A$$

$$AI_3=\begin{pmatrix}2 & -1 & 3\\3 & 1 & -2\end{pmatrix}\begin{pmatrix}1 & 0 & 0\\0 & 1 & 0\\0 & 0 & 1\end{pmatrix}$$

$$=\begin{pmatrix}2\times1+(-1)\times0+3\times0 & 2\times0+(-1)\times1+3\times0 & 2\times0+(-1)\times0+3\times1\\3\times1+1\times0+(-2)\times0 & 3\times0+1\times1+(-2)\times0 & 3\times0+1\times0+(-2)\times1\end{pmatrix}$$

$$=\begin{pmatrix}2 & -1 & 3\\3 & 1 & -2\end{pmatrix}=A$$

정의 7.4 $m \times n$ 행렬 $A=(a_{ij})$에 대하여 A의 **전치행렬**(transpose)을 A^T로 나타내고 다음과 같이 정의한다.

$$A^T = \begin{pmatrix} a_{11} & a_{21} & \cdots & a_{n1} \\ a_{12} & a_{22} & \cdots & a_{n2} \\ \vdots & \vdots & & \vdots \\ a_{1m} & a_{2m} & \cdots & a_{nm} \end{pmatrix}$$

행렬 A의 전치행렬 A^T는 A의 행과 열을 서로 바꾸어서 얻은 행렬이다.

예제 7.10 다음 행렬의 전치행렬을 구하여라.

$$A=\begin{pmatrix} 1 & 2 & 3 \\ 4 & 5 & 6 \end{pmatrix},\ B=\begin{pmatrix} 1 & 2 & 1 \\ 3 & 2 & 2 \\ 5 & 6 & 7 \end{pmatrix},\ C=\begin{pmatrix} 1 & 2 \\ 4 & 5 \\ 3 & 7 \end{pmatrix}$$

(풀이) $A^T=\begin{pmatrix} 1 & 4 \\ 2 & 5 \\ 3 & 6 \end{pmatrix},\ B^T=\begin{pmatrix} 1 & 3 & 5 \\ 2 & 2 & 6 \\ 1 & 2 & 7 \end{pmatrix},\ C^T=\begin{pmatrix} 1 & 4 & 3 \\ 2 & 6 & 7 \end{pmatrix}$ ■

7.3 행렬식(Determinant)

행렬식은 정사각행렬이 갖는 하나의 값이다. 2차 정사각행렬에서는 두 개의 성분이 곱해진다. 3차 정사각행렬에서는 세 개의 성분이 곱해진다. 따라서 크기가 큰 정사각행렬의 행렬식 계산은 복잡해진다. 정사각행렬 A의 행렬식은 $|A|$, $\|A\|$ 또는 $\det(A)$ 등으로 표시하는데 여기서는 $|A|$로 표시하자.

$A=\begin{pmatrix} a_{11} & a_{12} \\ a_{21} & a_{22} \end{pmatrix}$일 때,

$$|A| = \begin{vmatrix} a_{11} & a_{12} \\ a_{21} & a_{22} \end{vmatrix} = a_{11}a_{22} - a_{21}a_{12}$$

예제 7.11 $A=\begin{pmatrix}2 & 3\\4 & 7\end{pmatrix}$의 행렬식을 구하라.

(풀이) $|A| = 2\cdot 7-4\cdot 3 = 2.$

$$A=\begin{pmatrix}a_{11} & a_{12} & a_{13}\\a_{21} & a_{22} & a_{23}\\a_{31} & a_{32} & a_{33}\end{pmatrix}\text{일 때,}$$

$$|A|=\begin{vmatrix}a_{11} & a_{12} & a_{13}\\a_{21} & a_{22} & a_{23}\\a_{31} & a_{32} & a_{33}\end{vmatrix}$$

$$= a_{11}a_{22}a_{33}+a_{12}a_{23}a_{31}+a_{13}a_{32}a_{21} -(a_{13}a_{22}a_{31}+a_{12}a_{21}a_{33}+a_{11}a_{32}a_{23})$$ ■

3차 정사각행렬의 행렬식이 전개되는 과정을 살펴보면서 임의의 정사각행렬의 행렬식을 계산하는 방법에 대해서 알아보자.

정사각행렬에서 어떤 원소 a_{ij}가 위치한 행과 열을 제외하여 만든 부분행렬을 $A(i,j)$라하고 그의 행렬식 $M_{ij}=|A(i,j)|$를 a_{ij}의 **소행렬식**이라 한다. 또 $A_{ij} = (-1)^{i+j}M_{ij}$를 a_{ij}의 **여인자**(cofactor)라고 한다.

예제 7.12 $A=\begin{pmatrix}3 & 1 & -4\\2 & 0 & 6\\1 & 4 & 1\end{pmatrix}$에서 a_{11}과 a_{32}의 소행렬식과 여인자를 구하라.

(풀이) a_{11}의 소행렬식은 $M_{11}=\begin{vmatrix}0 & 6\\4 & 1\end{vmatrix}=-24$이고, 여인자는 $A_{11} =-24$이다. a_{32}의 소행렬식은 $M_{32}=\begin{vmatrix}3 & -4\\2 & 6\end{vmatrix}=26$이고 여인자는 $A_{32} =-26$이다. ■

3차 정사각행렬 A의 행렬식에서

$$|A| = a_{11}(a_{22}a_{33}-a_{23}a_{32})-a_{12}(a_{21}a_{33}-a_{23}a_{31})+a_{13}(a_{21}a_{32}-a_{22}a_{31})$$

$$= a_{11}\begin{vmatrix}a_{22} & a_{23}\\a_{32} & a_{33}\end{vmatrix}-a_{12}\begin{vmatrix}a_{21} & a_{23}\\a_{31} & a_{33}\end{vmatrix}+a_{13}\begin{vmatrix}a_{21} & a_{22}\\a_{31} & a_{32}\end{vmatrix}$$

$$= a_{11}M_{11} - a_{12}M_{12} + a_{13}M_{13}$$

임을 알 수 있다. 따라서 임의의 정사각행렬에 대해서 행렬식은 다음과 같이 계산할 수 있다.

어떤 i행에 대하여 $|A| = \sum_{j=1}^{n} (-1)^{i+j} a_{ij} M_{ij} = \sum_{j=1}^{n} a_{ij} A_{ij}$

또는

어떤 j행에 대하여 $|A| = \sum_{i=1}^{n} (-1)^{i+j} a_{ij} M_{ij} = \sum_{i=1}^{n} a_{ij} A_{ij}$

예제 7.13 다음 행렬의 행렬식을 구하여라.

$$A = \begin{pmatrix} 1 & 0 & 4 \\ 1 & 2 & 7 \\ 0 & 0 & 3 \end{pmatrix}$$

(풀이) 행렬식은 어떤 행이나 열을 기준으로 구해도 그 결과는 같다. 따라서 0이 많이 있는 세 번째 행을 기준으로 해서 구하자.

$$|A| = (-1)^{3+1} 0 \begin{vmatrix} 0 & 4 \\ 2 & 7 \end{vmatrix} + (-1)^{3+2} 0 \begin{vmatrix} 1 & 4 \\ 1 & 7 \end{vmatrix} + (-1)^{3+3} 3 \begin{vmatrix} 1 & 0 \\ 1 & 2 \end{vmatrix}$$

$$= 0 - 0 + 6 = 6$$

■

크기가 큰 행렬의 행렬식을 수하는 것은 매우 번거로운 작업이다. 다음에 증명없이 소개하는 행렬식의 성질을 사용하여 어느 한 행이나 열에 0이 많이 나타나도록 하면 비교적 쉽게 행렬식을 구할 수 있다.

> **정리 7.5** 정사각행렬 A에 대하여 다음이 성립한다.
>
> (1) A의 한 행의 스칼라 곱을 다른 행에 더하여 얻어진 새로운 행렬 B에 대하여 $|A|=|B|$이다.
>
> (2) A의 두 행이나 열을 서로 교환하여 얻은 새로운 행렬 B에 대하여 $|B|=-|A|$이다.
>
> (2) A의 한 행이나 열에 k를 곱하여 얻은 새로운 행렬 B에 대하여 $|B|=k|A|$이다.

예제 7.14 다음 행렬의 행렬식을 구하라.

$$A=\begin{pmatrix} 1 & -4 & 2 \\ -2 & 8 & -9 \\ -1 & 7 & 0 \end{pmatrix}$$

(풀이) 행렬 A의 첫 번째 행에 2를 곱하여 두 번째 행에 더하여 주면

$$B=\begin{pmatrix} 1 & -4 & 2 \\ 0 & 0 & -5 \\ -1 & 7 & 0 \end{pmatrix}$$

를 얻으며

$$|A|=|B|=\begin{vmatrix} 1 & -4 & 2 \\ 0 & 0 & -5 \\ -1 & 7 & 0 \end{vmatrix}$$

$$=-0\cdot\begin{vmatrix} -4 & 2 \\ 7 & 0 \end{vmatrix}+0\cdot\begin{vmatrix} 1 & 2 \\ - & 0 \end{vmatrix}-(-5)\begin{vmatrix} 1 & -4 \\ -1 & 7 \end{vmatrix}=15.$$ ■

7.4 크래머 공식

변수가 많은 연립방정식은 행렬로 나타내면 매우 간단하게 쓸 수 있다. 마찬가지로 연립방정식의 해는 행렬식으로 나타내면 간단하다. 그리고 해를 구

하는 실제 계산에 있어서는 그리 유용하지 않지만 이론의 전개에 유용하다.

변수가 두 개인 연립방정식

$$\begin{cases} a_{11}x_1 + a_{12}x_2 = b_1 \\ a_{21}x_1 + a_{22}x_2 = b_2 \end{cases}$$

의 해를 구하는 방법에 대해서 생각해보자. 우선 x_1을 구하기 위해 첫 번째 식에 a_{22}를 곱하고 두 번째 식에는 a_{12}를 곱해서 빼주면 다음을 얻는다.

$$(a_{11}a_{22} - a_{12}a_{21})x_{21} = a_{22}b_1 - a_{12}b_2$$

따라서 $x_1 = \dfrac{a_{22}b_1 - a_{12}b_2}{a_{11}a_{22} - a_{12}a_{21}}$이다.

다음으로 x_2를 구하기 위해서 첫 번째 식에 a_{21}를 곱하고 두 번째 식에는 a_{21}를 곱해서 빼주면 다음을 얻는다.

$$(a_{12}a_{21} - a_{11}a_{22})x_2 = a_{21}b_1 - a_{11}b_2$$

따라서 $x_2 = \dfrac{a_{11}b_2 - a_{21}b_1}{a_{11}a_{22} - a_{12}a_{21}}$이다.

$A = \begin{pmatrix} a_{11} & a_{12} \\ a_{21} & a_{22} \end{pmatrix}$, $X = \begin{pmatrix} x_1 \\ x_2 \end{pmatrix}$, $B = (b_1 \quad b_2)$라고 하면 위의 연립방정식을 $AX = B$로 쓸 수 있다.

행렬식을 다음과 같이 표시하자.

$$|A| = \begin{vmatrix} a_{11} & a_{12} \\ a_{21} & a_{22} \end{vmatrix},\quad |D_1| = \begin{vmatrix} b_1 & a_{12} \\ b_2 & a_{22} \end{vmatrix},\ |D_2| = \begin{vmatrix} a_{11} & b_1 \\ a_{21} & b_2 \end{vmatrix}.$$

여기에서 D_1은 행렬 A의 첫 번째 열을 B로 대체시킨 행렬이고 D_2은 행렬 A의 두 번째 열을 B로 대체시킨 행렬이다.

그러면 $x_1 = \dfrac{|D_1|}{|A|}$, $x_2 = \dfrac{|D_2|}{|A|}$이다.

즉 연립방정식의 해가 행렬식으로 풀이됨을 보여준다.

이러한 방법은 미지수가 n개인 연립방정식에도 같은 방법으로 적용된다.

$$\begin{cases} a_{11}x_1 + a_{12}x_2 + \cdots + a_{1n}x_n = b_1 \\ a_{21}x_1 + a_{22}x_2 + \cdots + a_{2n}x_n = b_2 \\ \vdots \quad\quad \vdots \quad\quad\quad \vdots \quad = \vdots \\ a_{n1}x_1 + a_{n2}x_2 + \cdots + a_{nn}x_n = b_n \end{cases}$$

위의 연립방정식은 행렬을 이용하여 다음과 같이 쓸 수 있다.

$$A = \begin{pmatrix} a_{11} & a_{12} & \cdots & a_{1n} \\ a_{21} & a_{22} & \cdots & a_{2n} \\ \vdots & \vdots & & \vdots \\ a_{n1} & a_{n2} & \cdots & a_{nn} \end{pmatrix},\ X = \begin{pmatrix} x_1 \\ x_2 \\ \vdots \\ x_n \end{pmatrix},\ B = \begin{pmatrix} b_1 \\ b_2 \\ \vdots \\ b_m \end{pmatrix}$$

라고 하면

$$AX = B.$$

$$|D_1| = \begin{vmatrix} b_1 & a_{12} & \cdots & a_{1n} \\ b_2 & a_{22} & \cdots & a_{2n} \\ \vdots & \vdots & & \vdots \\ b_n & a_{n2} & \cdots & a_{nn} \end{vmatrix},\ |D_2| = \begin{vmatrix} a_{11} & b_1 & \cdots & a_{1n} \\ a_{21} & b_2 & \cdots & a_{2n} \\ \vdots & \vdots & & \vdots \\ a_{n1} & b_n & \cdots & a_{nn} \end{vmatrix},\ \cdots,$$

$$|D_n| = \begin{vmatrix} a_{11} & a_{12} & \cdots & b_1 \\ a_{21} & a_{22} & \cdots & b_2 \\ \vdots & \vdots & & \vdots \\ a_{n1} & a_{n2} & \cdots & b_n \end{vmatrix}$$

라고 하자. 여기에서 D_j는 행렬 A의 j번째 열을 B로 대체시킨 행렬이다. 그러면 연립방정식의 해는

$$x_1 = \frac{|D_1|}{|A|},\ x_2 = \frac{|D_2|}{|A|},\ \cdots,\ x_n = \frac{|D_n|}{|A|}$$

이다. 이것을 크래머 공식이라 한다.

예제 7.15 크래머 공식을 이용하여 다음 연립방정식의 해를 구하라.

$$\begin{cases} x_1 + 5x_2 = 8 \\ 3x_1 + x_2 = 10 \end{cases}$$

(풀이) $x_1 = \dfrac{\begin{vmatrix} 8 & 5 \\ 10 & 1 \end{vmatrix}}{\begin{vmatrix} 1 & 5 \\ 3 & 1 \end{vmatrix}} = \dfrac{-42}{-14} = 3$, $x_2 = \dfrac{\begin{vmatrix} 1 & 8 \\ 3 & 10 \end{vmatrix}}{\begin{vmatrix} 1 & 5 \\ 3 & 1 \end{vmatrix}} = \dfrac{-14}{-14} = 1$ ■

예제 7.16 크래머 공식을 이용하여 다음 연립방정식의 해를 구하라.

$$\begin{cases} x_1 + 2x_2 + x_3 = 5 \\ 2x_1 + 2x_2 + x_3 = 6 \\ x_1 + 2x_2 + 3x_3 = 9 \end{cases}$$

(풀이) $|A| = \begin{vmatrix} 1 & 2 & 1 \\ 2 & 2 & 1 \\ 1 & 2 & 3 \end{vmatrix} = -4$, $|D_1| = \begin{vmatrix} 5 & 2 & 1 \\ 6 & 2 & 1 \\ 9 & 2 & 3 \end{vmatrix} = -4$,

$|D_2| = \begin{vmatrix} 1 & 5 & 1 \\ 2 & 6 & 1 \\ 1 & 9 & 3 \end{vmatrix} = -4$ $|D_3| = \begin{vmatrix} 1 & 2 & 5 \\ 2 & 2 & 6 \\ 1 & 2 & 9 \end{vmatrix} = -8$이므로

$x_1 = \dfrac{|D_1|}{|A|} = 1$, $x_2 = \dfrac{|D_2|}{|A|} = 1$, $x_3 = \dfrac{|D_3|}{|A|} = 2$이다. ■

7.5 역행렬

정의 7.6 n차 정사각행렬 A에 대하여 다음을 만족하는 행렬 B가 존재하면 A는 **가역**(invertible)행렬이라 한다.

$$AB = I = BA$$

이 때, B를 A의 **역행렬**(inverse matrix)이라 한다.
이러한 역행렬이 존재하지 않으면 A는 **비가역**(noninvertible)행렬이라 한다.

예제 7.17 $A=\begin{pmatrix}1 & 1 & 1\\ -1 & -3 & 2\\ 2 & 1 & 1\end{pmatrix}$, $B=\begin{pmatrix}-1 & 0 & 1\\ -5 & 1 & 3\\ 7 & -1 & 4\end{pmatrix}$ 행렬곱셈을 해보면 $AB=I$이고 $BA=I$이다. 따라서 B는 A의 역행렬이며, A는 B의 역행렬이다.

예제 7.18 $A=\begin{pmatrix}1 & 3 & 6\\ 0 & 0 & 0\\ 2 & 1 & 3\end{pmatrix}$은 비가역 행렬임을 보여라.

(풀이) 임의의 3×3 행렬 $B=\begin{pmatrix}b_{11} & b_{12} & b_{13}\\ b_{21} & b_{22} & b_{23}\\ b_{31} & b_{32} & b_{33}\end{pmatrix}$에 대해서 AB의 2행은 $(0\ 0\ 0)$이다. 따라서 $AB=I$인 B가 존재하지 않으므로 A는 비가역행렬이다. ■

> 정리 7.7 n차 정사각행렬 A가 가역이면 A의 역행렬은 유일하다.

증명 행렬 B, C가 행렬 A의 **역행렬**이라 하자.
이명 $AB=I=BA$이고 $AC=I=CA$이므로

$$B=BI=B(AC)=(BA)C=IC=C$$

이다. ■

n차 정사각행렬 A가 가역일 때, A의 **역행렬**(inverse matrix)을 A^{-1}로 쓴다.

> 정리 7.8 n차 정사각행렬 A가 가역일 때, A의 역행렬은 다음과 같다.
>
> $$A^{-1}=\frac{1}{|A|}\begin{pmatrix}A_{11} & A_{21} & \cdots & A_{n1}\\ A_{12} & A_{22} & \cdots & A_{n2}\\ \vdots & \vdots & & \vdots\\ A_{1n} & A_{2n} & \cdots & A_{nn}\end{pmatrix}$$

예제 7.19 행렬 $A=\begin{pmatrix} a & b \\ c & d \end{pmatrix}$가 가역일 필요충분조건은 $ad-bc\neq 0$이고 $A^{-1}=\dfrac{1}{ad-bc}\begin{pmatrix} d & -b \\ -c & a \end{pmatrix}$이다.

예제 7.20 위의 정리 5.2를 이용하여 다음 행렬의 역행렬을 구하라.

$$A=\begin{pmatrix} 3 & -2 & 4 \\ 5 & 0 & 2 \\ 1 & 0 & 1 \end{pmatrix}$$

(풀이) 행렬 A의 각 성분의 여인자를 구해보자.

$$A_{11}=(-1)^{1+1}\begin{vmatrix} 0 & 2 \\ 0 & 1 \end{vmatrix}=0,\ A_{12}=(-1)^{1+2}\begin{vmatrix} 5 & 2 \\ 1 & 1 \end{vmatrix}=-3,$$

$$A_{13}=(-1)^{1+3}\begin{vmatrix} 5 & 0 \\ 1 & 0 \end{vmatrix}=0,\ A_{21}=(-1)^{2+1}\begin{vmatrix} -2 & 4 \\ 0 & 1 \end{vmatrix}=2,$$

$$A_{22}=(-1)^{2+2}\begin{vmatrix} 3 & 4 \\ 1 & 1 \end{vmatrix}=-1,\ A_{23}=(-1)^{2+3}\begin{vmatrix} 3 & -2 \\ 1 & 0 \end{vmatrix}=-2$$

$$A_{31}=(-1)^{3+1}\begin{vmatrix} -2 & 4 \\ 0 & 2 \end{vmatrix}=-4,\ A_{32}=(-1)^{3+2}\begin{vmatrix} 3 & 4 \\ 5 & 2 \end{vmatrix}=14,$$

$$A_{33}=(-1)^{3+3}\begin{vmatrix} 3 & -2 \\ 5 & 0 \end{vmatrix}=10$$

A의 행렬식을 구하기 위해 0이 많은 두 번째 열을 택하여 구한다.

$|A|=(-2)A_{12}+0A_{22}+0A_{32}=6$.따라서

$$A^{-1}=\frac{1}{6}\begin{pmatrix} 0 & 2 & -4 \\ -3 & -1 & 14 \\ 0 & -2 & 10 \end{pmatrix}.$$

■

7.6 **마코프체인** (Markov Chain)

최초의 상태가 그대로 유지되는 경우는 매우 드물다. 시간의 흐름에 따라 상태는 변하며 이런 변화하는 과정을 분석하는 것이 마코프 체인이다. 한 도시에 우유를 공급하는 세목장을 생각하여 마코프 체인의 개념을 알아보자.

고객들은 광고, 가격, 신용 등에 따라서 우유 공급자를 바꾸기도 한다. 주어진 일정시간 동안 고객의 일정비율이 우유 공급 목장을 바꾼다는 가정 하에 고객을 동향을 분석하고 모델로 만들어 보자.

목장 1, 2, 3의 시장점유율을 각각 x_0, y_0, z_0라고 하자. 세목장에서 도시에서 필요한 모든 우유를 공급한다고 가정하면

$$x_0 + y_0 + z_0 = 1$$

이다. 한 달 후 목장 1에서 전 달에 확보한 고객 중 a_{11}을 계속 유지하고 목장의 고객 중 a_{12}를 확보하고 목장 3의 고객 중 a_{13}를 자기 고객으로 확보한다고 한다. 총 고객의 수를 N이라 하면 한 달 후의 목장 1의 고객 수는 원래 확보한 고객 중 계속 목장 1을 이용하는 고객 수 $a_{11}(x_0N)$, 목장 2를 이용했던 고객 중 목장 1로 바꾼 고객 수 $a_{12}(y_0N)$, 목장 3을 이용했던 고객 중 목장 1로 바꾼 고객 수 $a_{13}(z_0N)$의 합이 된다. 즉 한 달 후 목장 1의 시장 점유율을 x_1이라 하면

$$x_1N = a_{11}(x_0N) + a_{12}(y_0N) + a_{13}(z_0N)$$

이다. 같은 방법으로 목장 2와 3의 한 달 후 점유율을 y_1, z_1이라 하면 다음의 방정식을 얻을 수 있다.

$$x_1 = a_{11}x_0 + a_{12}y_0 + a_{13}z_0$$
$$y_1 = a_{21}x_0 + a_{22}y_0 + a_{23}z_0$$
$$z_1 = a_{31}x_0 + a_{32}y_0 + a_{33}z_0$$

여기에서 a_{ii}는 목장 i에서 우유를 공급받는 고객이 다음 달에도 계속 목장 i에서 우유를 공급받는 비율이며 a_{ij}는 목장 j의 고객이 다음 달 목장 i로 바꾼 비율이다.

이것을 행렬을 사용해서 나타내면

$$\begin{pmatrix} x_1 \\ y_1 \\ z_1 \end{pmatrix} = \begin{pmatrix} a_{11} & a_{12} & a_{13} \\ a_{21} & a_{22} & a_{23} \\ a_{31} & a_{32} & a_{33} \end{pmatrix} \begin{pmatrix} x_0 \\ y_0 \\ z_0 \end{pmatrix}$$

가 된다.

a_{11}은 목장 1의 고객이 다음 달에도 목장 1의 고객인 비율, a_{21}는 목장 1의 고객이 다음 달 목장 2의 고객이 된 비율, a_{31}은 목장 1의 고객이 다음 달 목장 3의 고객 된 비율이다. 이것은 목장 1의 고객이므로

$$a_{11} + a_{21} + a_{31} = 1$$

이다. 같은 방법으로 목장 2와 목장 3에 대해서 적용하면 다음을 얻을 수 있다.

모든 i와 j에 대해,

$$0 \leq a_{ij} \leq 1$$

$$a_{1i} + a_{2i} + a_{3i} = 1,\ i = 1,\ 2,\ 3.$$

이다.

행렬 $A = \begin{pmatrix} a_{11} & a_{12} & a_{13} \\ a_{21} & a_{22} & a_{23} \\ a_{31} & a_{32} & a_{33} \end{pmatrix}$는 일정 기간 변화 흐름을 나타낸 행렬이다. 이러한 행렬 A를 **변이확률행렬**(matrix of transition probability) 또는 간단히 **변이행렬**(transition matrix)라고 한다. 간단히 생각하기 위해서 고객이 목장을 바꾸는 비율 a_{ij}가 일정하다고 하자.

x_n, y_n, z_n을 각 목장이 n달 후 확보하고 있는 고객의 비율이라고 하면

$$X_{n+1} = AX_n,\ n = 0,\ 1,\ 2,\ \cdots$$

이 된다. 여기에서 $X_n = \begin{pmatrix} x_n \\ y_n \\ z_n \end{pmatrix}$이다.

초기 고객 확보율 X_0에서 일정 기간이 지난 t시점에서 고객확보율 X_t은 행렬 A와 결합하여 다음과 같다.

$$\begin{cases} t=0 & X_0 \\ t=1 & X_1 = AX_0 \\ t=2 & X_2 = AX_1 \\ \cdots & \cdots \\ t=n & X_n = AX_{n-1} \end{cases}$$

$t=n$시점에서 상태 X_n은 **변이행렬** A에 바로 직전의 상태 X_{n-1}을 곱한 것이다.

예제

처음 시장점유율 X_0와 변이행렬 A가 다음과 같이 주어졌다.

$$X_0 = \begin{pmatrix} 0.2 \\ 0.3 \\ 0.5 \end{pmatrix},\ A = \begin{pmatrix} 0.8 & 0.2 & 0.1 \\ 0.1 & 0.7 & 0.3 \\ 0.1 & 0.1 & 0.6 \end{pmatrix}$$

시장점유율의 변화를 구하라.

소수점 아래 3자리까지 구해보면 다음과 같다.

$$X_1 = AX_0 = \begin{pmatrix} 0.8 & 0.2 & 0.1 \\ 0.1 & 0.7 & 0.3 \\ 0.1 & 0.1 & 0.6 \end{pmatrix}\begin{pmatrix} 0.2 \\ 0.3 \\ 0.5 \end{pmatrix} = \begin{pmatrix} 0.27 \\ 0.38 \\ 0.35 \end{pmatrix}$$

$$X_2 = AX_1 = \begin{pmatrix} 0.8 & 0.2 & 0.1 \\ 0.1 & 0.7 & 0.3 \\ 0.1 & 0.1 & 0.6 \end{pmatrix}\begin{pmatrix} 0.27 \\ 0.38 \\ 0.36 \end{pmatrix} = \begin{pmatrix} 0.327 \\ 0.398 \\ 0.275 \end{pmatrix}$$

$$X_3 = AX_2 = \begin{pmatrix} 0.8 & 0.2 & 0.1 \\ 0.1 & 0.7 & 0.3 \\ 0.1 & 0.1 & 0.6 \end{pmatrix}\begin{pmatrix} 0.327 \\ 0.398 \\ 0.275 \end{pmatrix} = \begin{pmatrix} 0.369 \\ 0.394 \\ 0.238 \end{pmatrix}$$

$$\cdots$$

$$X_8 = AX_7 = \begin{pmatrix} 0.8 & 0.2 & 0.1 \\ 0.1 & 0.7 & 0.3 \\ 0.1 & 0.1 & 0.6 \end{pmatrix}\begin{pmatrix} 0.437 \\ 0.361 \\ 0.202 \end{pmatrix} = \begin{pmatrix} 0.442 \\ 0.357 \\ 0.201 \end{pmatrix}$$

계속해서 소수점 아래 3자리까지 계산하면

$$X_{16} = \begin{pmatrix} 0.450 \\ 0.350 \\ 0.200 \end{pmatrix}$$

이 되고

$X_{17} = AX_{16}$이 되는 것을 알 수 있다. 오랜 시간이 지난 후 전 시점(X_{t-1})

과 현 시점(X_t)의 시장점유율이 거의 같아지게 된다. 이렇게 직전 상태와 현 상태가 일치하는 상태를 **평형상태**(equilibrium state)라고 한다. 즉 16개월 후부터 시장은 평형상태를 유지하게 되며 시장점유율은 각각 45%, 35%, 20%가 됨을 알 수 있다. 평형상태를 구하기 위해서 직접 계산한다는 것은 경우에 따라서 매우 번거로운 계산이 될 수 있다. 평형 상태에서 X_t와 X_{t-1}은 거의 일치한다. 따라서 평형상태에서 시장 점유율을 구하는 방정식을 만들 수 있다.

$AX_{t-1} = X_t$이므로

$$\begin{pmatrix} 0.8 & 0.2 & 0.1 \\ 0.1 & 0.7 & 0.3 \\ 0.1 & 0.1 & 0.6 \end{pmatrix}\begin{pmatrix} x \\ y \\ z \end{pmatrix} = \begin{pmatrix} x \\ y \\ z \end{pmatrix}$$

$$x + y + z = 1$$

위의 관계식에서 다음 방정식을 만들 수 있다.

$$\begin{cases} -0.2x + 0.2y + 0.1z = 0 & \cdots\cdots ① \\ 0.1x \quad - 0.3y + 0.3z = 0 & \cdots\cdots ② \\ 0.1x \quad + 0.1y - 0.4z = 0 & \cdots\cdots ③ \\ \quad x \quad + \ y \ + \ z \ = 1 & \cdots\cdots ④ \end{cases}$$

위의 식 ①, ②, ③으로 이루어진 연립방정식은 부정인 연립방정식이다. 따라서 ①, ②, ③의 방정식 중 하나를 방정식 ④로 대치하여 방정식을 만들어 행렬로 표시하면 다음과 같다.

$$\begin{pmatrix} -0.2 & 0.2 & 0.1 \\ 0.1 & -0.3 & 0.3 \\ 1 & 1 & 1 \end{pmatrix}\begin{pmatrix} x \\ y \\ z \end{pmatrix} = \begin{pmatrix} 0 \\ 0 \\ 1 \end{pmatrix}$$

크래머 공식을 이용하여 방정식의 해를 구하자.

$$x = \frac{\begin{vmatrix} 0 & 0.2 & 0.1 \\ 0 & -0.3 & 0.3 \\ 1 & 1 & 1 \end{vmatrix}}{\begin{vmatrix} -0.2 & 0.2 & 0.1 \\ 0.1 & -0.3 & 0.3 \\ 1 & 1 & 1 \end{vmatrix}} = \frac{0.09}{0.2} = 0.45$$

$$y=\frac{\begin{vmatrix}-0.2 & 0 & 0.1\\ 0.1 & 0 & 0.3\\ 1 & 1 & 1\end{vmatrix}}{\begin{vmatrix}-0.2 & 0.2 & 0.1\\ 0.1 & -0.3 & 0.3\\ 1 & 1 & 1\end{vmatrix}}=\frac{0.07}{0.2}=0.35$$

$$z=\frac{\begin{vmatrix}-0.2 & 0.2 & 0\\ 0.1 & -0.3 & 0\\ 1 & 1 & 1\end{vmatrix}}{\begin{vmatrix}-0.2 & 0.2 & 0.1\\ 0.1 & -0.3 & 0.3\\ 1 & 1 & 1\end{vmatrix}}=\frac{0.04}{0.2}=0.2$$

즉 반복해서 얻은 결과와 같은 결과를 얻을 수 있다.

마코프 체인이 성립하기 위해서는 변이확률이 일정하다는 가정이 필수적이다. 그러나 실제에 있어서 변이확률이 일정하다는 것은 무리한 가정이다. 시장점유율이 낮은 곳에서는 고객유치를 위해서 여러 경영전략을 수립할 것이다. 따라서 변이행렬은 변할 수밖에 없다. 그러나 현재의 시장점유율이 그대로 유지된다는 가정에서 앞으로의 점유율의 변화를 계산해 봄으로 새로운 마케팅 전략, 직원교육훈련 계획, 자금관리 등을 수립하는데 응용될 수 있다.

예제 7.21 한 택배회사에서 트럭 1,000대를 운행하고 있다. 트럭이 배달을 하다보면 타이어가 파손되는 경우가 생긴다. 배달 중에 타이어가 파손되면 현장 근처의 정비소에서 타이어를 교체하며 그 비용은 15만원이다. 트럭은 두주에 한 번씩 차량점검과 정비를 한다. 이때 타이어의 상태가 불량이면 신품으로 교체하며 이 경우의 10만원의 비용이 든다. 현장교체인 경우에는 불량 상태인 타이어로 최대한 운행을 한 후 현장에서 교체를 하는 것이다. 어느 방법이 더 경제적일까?

지난 3년간의 트럭의 운행일지에서 타이어의 상태를 신품(A), 양호(B), 불량(C), 파손(D)로 구분을 하고 한 달이 지난 후 다음의 변이행렬을 얻었다.

$$A = \begin{pmatrix} 0.7 & 0 & 0 & 1 \\ 0.2 & 0.8 & 0 & 0 \\ 0.1 & 0.2 & 0.2 & 0 \\ 0 & 0 & 0.8 & 0 \end{pmatrix}$$

변이행렬 A가 의미하는 것은 신품상태의 타이어는 한 달 후에도 신품상태를 유지할 확률이 70%, 양호상태가 될 확률은 10%이며 불량상태로는 되지 않는다는 것이다. 양호상태의 타이어는 그 상태를 그대로 유지할 확률이 80%이고 20%의 타이어는 불량상태가 된다는 것이다. 불량상태의 타이어 20%는 그 상태를 그대로 유지하고 나머지 80%의 타이어는 파손된다는 것을 말한다.

여기에서 현장교체일 때의 평형상태를 구한 다음 파손될 확률을 구해서 타이어 교체에 따른 기대 비용을 구해보자.

평형상태의 방정식은 다음과 같다.

$$\begin{pmatrix} 0.7 & 0 & 0 & 1 \\ 0.2 & 0.8 & 0 & 0 \\ 0.1 & 0.2 & 0.2 & 0 \\ 0 & 0 & 0.8 & 0 \end{pmatrix} \begin{pmatrix} \mathrm{A} \\ \mathrm{B} \\ \mathrm{C} \\ \mathrm{D} \end{pmatrix} = \begin{pmatrix} \mathrm{A} \\ \mathrm{B} \\ \mathrm{C} \\ \mathrm{D} \end{pmatrix}$$

다음의 방정식을 얻을 수 있다.

$$\begin{cases} -0.3\mathrm{A} + \mathrm{D} = 0 & \cdots\cdots ① \\ 0.2\mathrm{A} - 0.2\mathrm{B} = 0 & \cdots\cdots ② \\ 0.2\mathrm{B} + 0.2\mathrm{C} = 0 & \cdots\cdots ③ \\ 0.8\mathrm{C} - \mathrm{D} = 0 & \cdots\cdots ④ \\ \mathrm{A} + \mathrm{B} + \mathrm{C} + \mathrm{D} = 1 & \cdots\cdots ⑤ \end{cases}$$

위의 연립방정식에서 $\mathrm{D} = 0.112$이다. 즉 배달현장에서 타이어가 파손되어 교체할 확률은 11.2%라는 것이다. 현장교체 비용이 15만원이므로 기대비용은 $0.112 \times 15,000 = 16,800$원이다.

자체 점검에서 타이어를 교체하게 되는 경우의 기대비용을 구해보자.

자체점검에서 타이어가 불량이면 교체하기 때문에 파손상태는 없으며 변이 행렬은 다음과 같다.

$$B=\begin{pmatrix}0.7 & 0 & 1\\ 0.2 & 0.8 & 0\\ 0.1 & 0.2 & 0\end{pmatrix}$$

평형상태의 방정식은

$$\begin{pmatrix}0.7 & 0 & 1\\ 0.2 & 0.8 & 0\\ 0.1 & 0.2 & 0\end{pmatrix}\begin{pmatrix}\mathrm{A}\\ \mathrm{B}\\ \mathrm{C}\end{pmatrix}=\begin{pmatrix}\mathrm{A}\\ \mathrm{B}\\ \mathrm{C}\end{pmatrix}$$

이며 다음의 방정식을 구할 수 있다.

$$\begin{cases}-0.3\mathrm{A} + \mathrm{C} = 0\\ 0.2\mathrm{A}-0.2\mathrm{B} = 0\\ 0.1\mathrm{A}+0.2\mathrm{B}-0.8\mathrm{C}=0\\ \mathrm{A}+\mathrm{B}+\mathrm{C}=1\end{cases}$$

위의 방정식을 풀어 평형상태에서 불량상태인 $\mathrm{C}=0.1304$를 구한다. 자체점검에서는 불량상태에서 타이어를 교체하므로 타이어 교체의 기대비용은 $0.1304\times 10{,}000 = 13{,}040$원이다. 기대비용만을 고려하면 자체 점검에 의해서 타이어를 교체하는 것이 배달 중 타이어가 파손되어 현장에서 교체하는 것보다 경제적이라는 결론을 내릴 수 있다.

7.7 행렬을 이용한 암호

암호문을 만들고 해독하는 기술은 정보사회에서 매우 중요하다. 여기에서 행렬을 이용하여 암호를 만드는 방법을 소개한다.

두 행렬 A, A^{-1}을

$$A = \begin{pmatrix} -3 & 1 & 2 \\ 1 & -2 & -2 \\ -3 & 0 & 1 \end{pmatrix}, \ A^{-1} = \begin{pmatrix} 2 & 1 & -2 \\ -5 & -3 & 4 \\ 6 & 3 & -5 \end{pmatrix}$$

라고 하자. 알파벳과 기호를 다음과 같이 숫자화하자.

A	B	C	D	E	F	G	H	I	J	K	L	M	N
1	2	3	4	5	6	7	8	9	10	11	12	13	14
O	P	Q	R	S	T	U	V	W	X	Y	Z	*	.
15	16	17	18	19	20	21	22	23	24	25	26	27	28

표에서 *는 단어 사이를 띄는 공간으로 사용된다.

THIS IS TOP SECRET

이라는 문장을 숫자로 나타내면

문자	T	H	I	S	*	I	S	*
코드	20	8	9	19	27	9	19	27

문자	T	O	P	*	S	E	C	R	E	T
코드	20	15	16	27	19	5	3	18	5	20

이다. 이것을 3행을 가지는 행렬로 나타낸다.

$$M = \begin{pmatrix} 20 & 8 & 9 & 19 & 27 & 9 \\ 19 & 27 & 20 & 15 & 16 & 27 \\ 19 & 5 & 3 & 18 & 5 & 20 \end{pmatrix}$$

이것을 암호화하기 위해 행렬 A를 왼쪽에 곱하여 암호문을 만들자.

$$\begin{aligned} C &= AM \\ &= \begin{pmatrix} -3 & 1 & 2 \\ 1 & -2 & -2 \\ -3 & 0 & 1 \end{pmatrix} \begin{pmatrix} 20 & 8 & 9 & 19 & 27 & 9 \\ 19 & 27 & 20 & 15 & 16 & 27 \\ 19 & 5 & 3 & 18 & 5 & 20 \end{pmatrix} \\ &= \begin{pmatrix} -3 & 13 & -1 & -6 & -55 & 40 \\ -56 & -56 & -37 & -47 & -15 & -85 \\ -41 & -19 & -24 & -39 & -76 & -7 \end{pmatrix} \end{aligned}$$

이제 이 암호문을 A^{-1}을 이용하여 원래의 문장을 구하자

$$
\begin{aligned}
M &= A^{-1}C \\
&= \begin{pmatrix} 2 & 1 & -2 \\ -5 & -3 & 4 \\ 6 & 3 & -5 \end{pmatrix}\begin{pmatrix} -3 & 13 & -1 & -6 & -55 & 40 \\ -56 & -56 & -37 & -47 & -15 & -85 \\ -41 & -19 & -24 & -39 & -76 & -7 \end{pmatrix} \\
&= \begin{pmatrix} 20 & 8 & 9 & 19 & 27 & 9 \\ 19 & 27 & 20 & 15 & 16 & 27 \\ 19 & 5 & 3 & 18 & 5 & 20 \end{pmatrix}
\end{aligned}
$$

A를 이용하여 만든 암호문은 A^{-1}을 이용하여 원래의 문장을 해독할 수 있다. 이 과정에서 행렬 A를 모르면 암호문을 해독할 수 없다. 알파벳을 숫자화한 표가 알려지더라도 원래의 문장이 무엇인지는 알 수 없다. 즉 행렬 A만 알려지지 않는다면 비밀은 보장이 된다. 또 이 행렬 A를 정기적으로 바꾸어 준다면 보안성을 더 효과적으로 유지하는 것도 가능하다.

연습문제 (7)

1. 다음 행렬의 크기를 구하라.

(1) $A=\begin{pmatrix} 1 & -1 & -2 \\ 3 & 2 & 4 \end{pmatrix}$　(2) $B=\begin{pmatrix} 2 & -1 & 3 \\ 1 & 1 & 2 \\ 0 & 3 & 7 \\ 2 & 0 & 1 \end{pmatrix}$

(3) $C=\begin{pmatrix} 1 & 0 & -2 & 5 \\ -3 & 2 & 2 & 5 \end{pmatrix}$

2. 다음 등식이 성립하는 x, y, z, w의 가 값을 구하라.

$$\begin{pmatrix} x+y & 4 \\ 2 & -x+y \end{pmatrix} = \begin{pmatrix} 3 & z+2w \\ z-w & 1 \end{pmatrix}$$

3. 다음을 계산하여라

(1) $\begin{pmatrix} 5 & 3 \\ 1 & 2 \end{pmatrix} + \begin{pmatrix} -1 & 2 \\ 7 & -2 \end{pmatrix}$ (2) $3\begin{pmatrix} 1 & 3 \\ 2 & 7 \end{pmatrix} - 2\begin{pmatrix} 1 & 2 \\ 3 & 2 \end{pmatrix}$

4. $A = \begin{pmatrix} 1 & 2 & -3 \\ 5 & 0 & 2 \\ 1 & -1 & 1 \end{pmatrix}$, $B = \begin{pmatrix} 3 & -1 & 2 \\ 4 & 2 & 5 \\ 12 & 0 & 3 \end{pmatrix}$, $C = \begin{pmatrix} 4 & 1 & 2 \\ 0 & 3 & 2 \\ 1 & -2 & 3 \end{pmatrix}$일 때, 다음을 구하라.

(1) $A+B$ (2) $A-C$

(3) $-2A+3B$ (4) $A+(B-C)$

(5) $(A+B)-C$

5. 다음 행렬의 곱셈을 하여라.

(1) $(1 \quad 3)\begin{pmatrix} 2 \\ 1 \end{pmatrix}$ (2) $(-1 \quad 2)\begin{pmatrix} 2 & 1 \\ 3 & 1 \end{pmatrix}$ (3) $\begin{pmatrix} 1 & 2 \\ 0 & 6 \end{pmatrix}\begin{pmatrix} 3 & -2 \\ -1 & 3 \end{pmatrix}$

(4) $\begin{pmatrix} 2 \\ 3 \end{pmatrix}(1 \quad 2)$ (5) $\begin{pmatrix} 1 & 0 & 0 \\ 2 & 3 & 1 \end{pmatrix}\begin{pmatrix} 1 & 2 \\ 3 & 2 \\ 2 & 4 \end{pmatrix}$ (6) $\begin{pmatrix} -1 & 2 & 1 \\ 2 & 1 & 0 \end{pmatrix}\begin{pmatrix} 3 & 1 \\ -2 & 4 \\ 1 & -2 \end{pmatrix}$

6. $A = \begin{pmatrix} 3 & 0 \\ 1 & 2 \end{pmatrix}$, $B = \begin{pmatrix} -2 & 1 \\ 5 & 0 \end{pmatrix}$일 때, $AB-BA$를 구하라.

7. $A = \begin{pmatrix} 1 & -1 & 2 \\ 3 & 0 & 1 \end{pmatrix}$, $B = \begin{pmatrix} 1 & 1 \\ 2 & -1 \\ 1 & 0 \end{pmatrix}$, $C = \begin{pmatrix} 2 & -2 \\ -1 & 3 \\ 0 & 0 \end{pmatrix}$일 때, 다음을 구하라.

(1) $A(B+C)$ (2) $AB+AC$

8. $A = \begin{pmatrix} 0 & -1 \\ 1 & 1 \end{pmatrix}$에 대하여 A^2, A^3과 A^{50}을 구하라.

9. $A = \begin{pmatrix} 2 & 0 \\ 1 & -1 \end{pmatrix}$, $B = \begin{pmatrix} 1 & -1 \\ 1 & 0 \end{pmatrix}$에서 다음을 구하라.

(1) $(A+B)(A-B)$ (2) $ABAB$

10. 다음 행렬의 전치행렬을 구하라.

(1) $A=\begin{pmatrix} 1 & 6 & 3 & 5 \\ 2 & -3 & 7 & 5 \\ -1 & 3 & 2 & 9 \end{pmatrix}$ (2) $B=\begin{pmatrix} -1 & 6 & 1 & 0 & 1 \\ 3 & 2 & -1 & 2 & 0 \end{pmatrix}$

(3) $C=\begin{pmatrix} 2 & -1 & 4 \\ 7 & 2 & 0 \\ 3 & 3 & 2 \end{pmatrix}$ (4) $D=\begin{pmatrix} 2 & 5 \\ 1 & 3 \\ -3 & 7 \\ 7 & -3 \\ 3 & 5 \end{pmatrix}$

11. 다음 행렬식을 구하라.

(1) $\begin{vmatrix} 2 & 1 & 5 \\ 3 & -1 & 2 \\ 4 & 2 & 7 \end{vmatrix}$ (2) $\begin{vmatrix} 2 & 7 & 5 \\ 0 & 0 & 0 \\ 3 & 2 & 5 \end{vmatrix}$

(3) $\begin{vmatrix} -3 & 5 & 1 \\ 1 & 0 & -2 \\ 0 & 3 & 0 \end{vmatrix}$ (4) $\begin{vmatrix} 1 & 0 & 1 & 0 \\ 2 & 1 & 0 & -1 \\ 4 & 0 & 1 & 1 \\ 3 & 0 & 1 & 1 \end{vmatrix}$

12. 다음 행렬의 역행렬을 구하라.

(1) $A=\begin{pmatrix} 1 & 0 & 0 \\ 0 & 0 & 1 \\ 0 & 1 & 0 \end{pmatrix}$ (2) $B=\begin{pmatrix} 1 & 0 & -1 \\ 0 & -2 & 0 \\ 1 & 0 & 3 \end{pmatrix}$

13. 크래머법칙을 이용하여 다음 연립방정식의 해를 구하라.

(1) $\begin{cases} x_1+2x_2=3 \\ 3x_1-x_2=1 \end{cases}$ (2) $\begin{cases} 2x_1+3x_2=2 \\ 3x_1+2x_2=5 \end{cases}$

(3) $\begin{cases} x_1+2x_2+x_3=5 \\ 2x_1+2x_2+x_3=6 \\ x_1+2x_2+3x_3=9 \end{cases}$

14. 개인의 직업에 대하여 조사한 결과가 있다. 전문직, 농부와 노동자 세종류의 직업에 대하서 조사한 결과 다음의 결과를 얻었다. 전문직을 가진 부모를 둔 자식의 경우 전문직에 70%, 농업에 20%, 노동자로 10%가 종사하고, 농업에 종사하는 부모를 둔 자식의 경우 전문직에 20%, 농업에 60%, 노동자로 20% 종사하며, 노동직을 가진 부모를 둔 자녀는 전문직에 20%, 농업에 30%, 노동자로 30%가 종사하고 있다. 현재 세대에서 전문직에 35%, 농업에 35%, 노동자로 30%가 종사하고 있다고 한다.
   (1) 변이행렬 A를 구하라.
   (2) 두 세대가 지난 후 직업 분포를 구하라.
   (3) 평형상태의 직업분포를 구하라.

15. 노란색, 핑크색, 하얀색의 꽃을 피우는 식물이 있다. 노란색 꽃은 다음해에 50%의 노란색, 50%의 핑크색 꽃이 피고, 핑크색 꽃은 다음 해에 25%의 노란색, 50%의 핑크색, 25%의 하얀색 꽃을 피운다. 하얀색 꽃은 다음 해에 50%의 핑크색, 50%의 하얀색 꽃을 피운다고 하자. 올해 30%의 노란색, 50%의 핑크색, 20%의 하얀색 꽃이 피었다고 한다.
   (1) 변이행렬 A를 구하라.
   (2) 2년 후의 꽃 색깔의 분포를 구하라.
   (3) 평형상태에서 꽃 색깔의 분포를 구하라.

16. 행렬 $A=\begin{pmatrix} 3 & 2 \\ 2 & 1 \end{pmatrix}$을 이용하여 문장 "I LOVE YOU"를 암호화 하여라.

17. 다음의 행렬은 주어진 행렬 A를 이용하여 암호화된 행렬이다.원래의 문장으로 암호를 풀어라.

$$A=\begin{pmatrix} 2 & 1 \\ 1 & 1 \end{pmatrix} \quad \text{암호화된 행렬 } C=\begin{pmatrix} 67 & 43 & 17 & 49 & 50 \\ 47 & 33 & 16 & 35 & 39 \end{pmatrix}$$

8
미분기하학

공간상의 기하학적 도형의 특성을 함수의 미분적분을 이용하여 연구하는 수학의 분야를 미분기하학이라 한다. 이 장에서는 3차원 공간 R^3의 기본 도형인 1차원의 곡선과 2차원의 곡면에 대한 기본 개념을 소개한다.

8.1 곡선(Curve)

수학에서 Curve란 공간상의 1차원의 선을 말한다. 곧은 직선도 휘지 않은 일종의 Curve이다. 앞으로 Curve를 **곡선**이라 하자. 우선 평면에 놓인 곡선을 생각해 보자. 평면에 놓인 곡선의 특징은 곡선위에 있는 특정한 점을 기준으로 곡선이 얼마나 휘었는가 이다. 이 휜 정도가 곡선의 **곡률**(curvature)이다. 평면위의 원과 직선을 예로 곡률의 직관적인 착상을 간략히 이해하도록 하자. 직선을 휘어지지 않고 곧은 것으로 생각할 때 직선에 어떤 휜 정도를 나타내는 곡률 수치 k를 대응시킨다면 직선은 휘지 않고 곧으므로 $k=0$이라 할 수 있다. 한편 원은 분명히 휘어져 있는데 그것이 얼마만큼 휘어져 있느냐 하는 것은 원의 반경 r에 달려있다. 원의 반경이 커지면 커질수록 원이 직선에 가깝게 되고 그래서 덜 휘어질 것이므로 반경이 r인 원의 곡률 k를 $k=1/r$로 정의하는 것이 자연스럽다(곡률은 반경에 반비례한다).

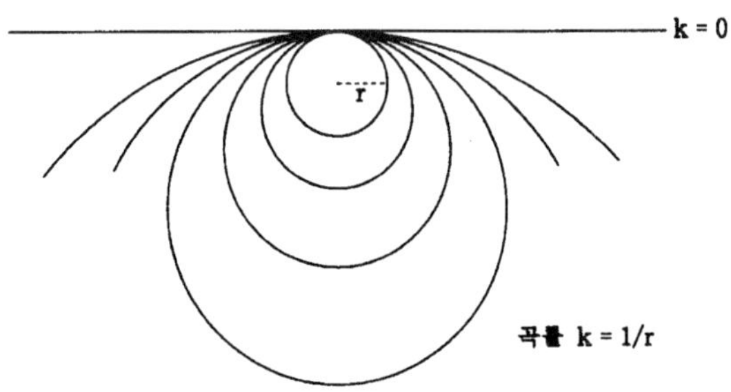

임의의 곡선은 직선이 휜 것으로 생각할 수 있다. 즉 직선과 곡선은 일대일 대응 관계로 비교 가능하다. 따라서 직선위의 점을 곡선위의 점으로 대응시키는 함수를 정의할 수 있다. 또한 매끄러운 곡선은 미분 가능한 함수로 표시할 수 있다.

지금부터 공간상의 곡선을 함수로 정의하고 미분을 이용하여 곡선의 성질을 공부해보자. 공간상에 놓인 곡선의 대부분은 전체가 매끄럽지는 않다. 하지만 매끄러운 부분 부분으로 나누어진다. 즉, 부분적으로는 미분 가능한 함수로 표시할 수 있다. 따라서 우리는 곡선의 매끄러운 부분에 해당하는 즉, 미분 가능한 함수로 표시 가능한 부분을 곡선으로 다음과 같이 정의한다.

> 정의 8.1　임의의 $t\in(a,b)$ 에 대해 $d\alpha/dt\neq\vec{0}$ 을 만족하는 미분 가능한 함수 $\alpha:(a,b)\to R^3$를 **정칙곡선**(regular curve)이라 한다. 여기서 $\vec{0}=(0,0,0)$ 이다.

예제 8.1 (1) 곡선 $\alpha(t)=(t^2, t^3, 5)$, $t\in R$ 는 $d\alpha/dt=(2t, 3t^2, 0)$ 가 $t=0$ 일 때 $\vec{0}$이므로 정칙곡선이 아니다.

(2) 곡선 $\alpha(t)=(acost, asint, bt)$ $(a>0, b\neq 0)$, $t\in R$는 모든 t에 대해 $d\alpha/dt=(-asint, acost, b)\neq\vec{0}$이므로 정칙곡선이다. 이러한 정칙곡선 $\alpha(t)$를 **"원나선"**이라 부른다.

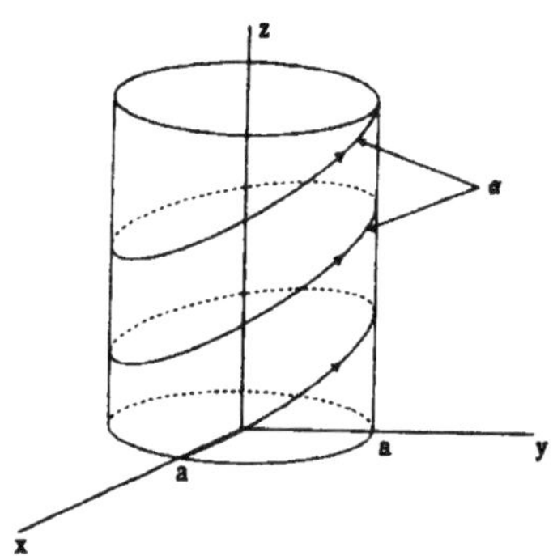

(3) 곡선 $\alpha(t)=(t, 0, 0)$, $t\in R$는 $d\alpha/dt=(1, 0, 0)\neq\vec{0}$이므로 정칙곡선이다. 이 경우 $\alpha(t)$는 직선이다.

(4) 곡선 $\alpha(t)=(t^3+t, 0, 0)$, $t\in R$도 모든 t에 대해 $3t^2+1\neq 0$이므로 정칙곡선이고 예(3)의 곡선과 마찬가지로 직선이다.

> **정의 8.2** $\dfrac{d\alpha}{dt}(t_0)$를 정칙곡선 $\alpha(t)$의 $t=t_0$에서의 **속도벡터**(velocity vector)라 한다. $t=t_0$에서의 $\alpha(t)$의 **속력**(speed)은 $t=t_0$에서의 속도벡터의 크기, 즉, $\left|\dfrac{d\alpha}{dt}(t_0)\right|$이다.

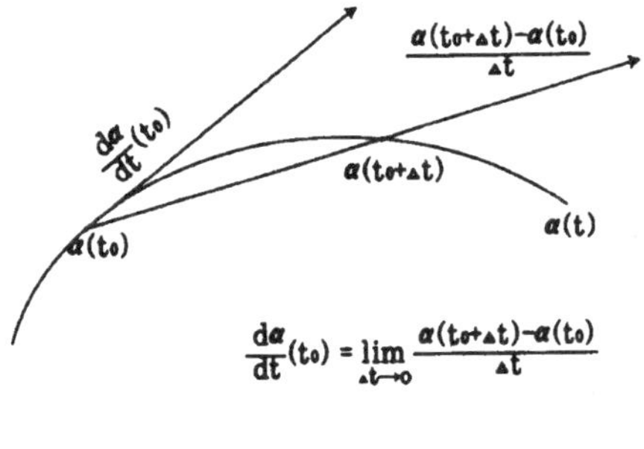

> **정의 8.3** 정칙곡선 $\alpha(t)$의 **접선벡터**(tangent vector)는
> $T(t)=\left(\frac{d\alpha}{dt}\right)/\left|\frac{d\alpha}{dt}\right|$이다.

공간상의 한 곡선을 표시하는 함수는 1개만 있는 것은 아니다. 그러면 같은 곡선을 표시하는 함수 사이에는 어떤 관계가 있는지를 알아보자. 같은 곡선을 표시하는 함수들의 정의역 사이에는 다음과 같이 정의되는 특별한 함수가 있다.

> **정의 8.4** 곡선 $\alpha:(a,b)\to R^3$의 매개변수변환이란 다음 성질 (a), (b)를 만족하는 전단사함수 $g:(c,d)\to(a,b)$이다.
> (a) 함수 g는 미분 가능하다.
> (b) g의 역함수 $h:(a,b)\to(c,d)$는 미분 가능하다.

그리고, 합성함수 $\beta=\alpha\circ g:(c,d)\to R^3$를 곡선 α의 g에 의해 매개화된 곡선이라 한다.

예제 8.2 $g:(0,1)\to(1,2)$ 를 $g(x)=1+x$로 정의하면 g는 역함수 $h(t)=t-1$를 갖는 전단사함수이다. g는 $(0,1)$에서 h는 $(1,2)$에서 각각 미분 가능하므로 g는 $(1,2)$에 정의된 곡선의 매개변수변환이다.

> **정리 8.5** $g:(c,d)\to(a,b)$를 정칙곡선 $\alpha:(a,b)\to R^3$의 매개변수변환이라 할 때 $\beta=\alpha\circ g:(c,d)\to R^3$도 정칙곡선이다. 이 경우 α와 β는 3차원 공간 R^3에 같은 **자국점**(tracing point)을 갖는다.

증명 (1) β는 미분 가능한 함수들의 합성함수이므로 미분 가능하다.
이명

(2) s를 (c,d)에서의 변수라 하면 연쇄법칙(chain rule)에 의해 $\frac{d\beta}{ds}=\frac{d\alpha}{dt}\frac{dg}{ds}$가 된다. α가 정칙곡선이므로 $\frac{d\alpha}{dt}\neq\vec{0}$이다. 따라서 앞의 식에서 $\frac{dg}{ds}\neq 0$임을 보이면 $\frac{d\beta}{ds}\neq\vec{0}$가 되므로 β는 정칙곡선이 된다.

$(g\circ g^{-1})(t)=t$에 연쇄법칙을 적용하면 $\frac{dg}{ds}\frac{dg^{-1}}{dt}=1$이므로 $\frac{dg}{ds}\neq 0$이다. 한편, $\beta(s)=(\alpha\circ g)(s)=\alpha(g(s))=\alpha(t)$로 부터 α와 β는 3 차원 공간 R^3에 같은 자국점을 갖는다는 것을 알 수 있다. ▩

정리 8.6 $\alpha:(a,b)\rightarrow R^3$를 정칙곡선이라 하자. $t_0\in(a,b)$일 때 함수 $s(t)=\int_{t_0}^{t}\left|\frac{d\alpha}{dt}\right|dt$는 단사이고 미분 가능하며 $s(t)$의 역함수 g는 α의 매개변수변환이다.

증명 (1) $t_1\neq t_2$이면 $t_2>t_1$ 이거나 $t_1>t_2$이다. $t_2>t_1$인 경우를 살펴보면 $s(t_2)-s(t_1)=\int_{t_0}^{t_2}\left|\frac{d\alpha}{dt}\right|dt-\int_{t_0}^{t_1}\left|\frac{d\alpha}{dt}\right|dt=\int_{t_1}^{t_2}\left|\frac{d\alpha}{dt}\right|dt$ 이다. α가 정칙곡선이므로 $\frac{d\alpha}{dt}\neq\vec{0}$ 이다. 따라서 $\left|\frac{d\alpha}{dt}\right|>0$ 이고 이것을 위의 식에 대입하면 $s(t_2)>s(t_1)$ 즉 $s(t_2)\neq s(t_1)$이다. $t_1>t_2$인 경우도 같은 방법으로 $s(t_1)\neq s(t_2)$ 임을 보일 수 있다. 즉 $s(t)$는 단사함수이다. 또한 일반수학의 기본정리에 의하면 $\frac{ds}{dt}=\left|\frac{d\alpha}{dt}\right|$이므로 $s(t)$는 미분 가능하다.

이명

(2) 모든 $t\in(a,b)$에 대하여 $(g\circ s)(t)=t$이므로 연쇄법칙에 의해 $\frac{dg}{ds}\frac{ds}{dt}=1$이다. (1)에서 $\frac{ds}{dt}=\left|\frac{d\alpha}{dt}\right|\neq 0$임을 알았다. 앞의

식을 $\left|\frac{d\alpha}{dt}\right|$로 양변을 나누면 $\frac{dg}{ds}=\frac{1}{\left|\frac{d\alpha}{dt}\right|}$이고 g는 미분 가능하다. 따라서 g는 α의 매개변수변환 이다. ■

보기 정리 8.6의 $s(t)$는 곡선 α의 $\alpha(t_0)$에서 $\alpha(t)$까지의 **호의길이**(arc length)이다. $\alpha:(a,b)\to R^3$가 정칙곡선이고 g가 호의길이 $s(t)$의 역함수이면 $g:(c,d)\to(a,b)$는 α의 매개변수변환 (여기서 $(c,d)=\{s(t): t\in(a,b)\}$) 이다. $\beta:(c,d)\to R^3$를 $s\in(c,d)$에 대하여 $\beta(s)=(\alpha\circ g)(s)$라 할 때 정리 8.5에 의하면 β는 정칙곡선이고 α 와 같은 자국점을 갖는다. 즉 공간상의 같은 도형을 나타낸다. 이때 $\beta(s)$는 곡선 α의 호의길이 s에 의해 매개화된 곡선이다.

정의 8.7 곡선 $\alpha:(a,b)\to R^3$ 는 $\left|\frac{d\alpha}{dt}\right|=1$일 때 **단위속력 곡선**이라 한다.

예제 8.3 호의길이에 의해 매개화된 곡선 $\beta(s)$는 단위속력 곡선이다. 왜냐하면 $\beta(s)=(\alpha\circ g)(s)$에 연쇄법칙을 적용하면 $\frac{d\beta}{ds}=\frac{d\alpha}{dt}\frac{dg}{ds}$이고 $\frac{ds}{dt}=\left|\frac{d\alpha}{dt}\right|$ 이므로 $\left|\frac{d\beta}{ds}\right|=\frac{ds}{dt}\left|\frac{dg}{ds}\right|=\frac{ds}{dt}\frac{dg}{ds}=1$이기 때문이다. 이 경우 β의 접선벡터 $T(s)=\frac{d\beta}{ds}$이다.

예제 8.3의 결과로부터 우리는 모든 정칙곡선은 단위속력 곡선으로 표시될 수 있음을 알 수 있다.

예제 8.4 직선 $\alpha(t)=u+tv$를 고려하자.

$\frac{d\alpha}{dt}=v,\ s=\int_0^t |v|\,dt = t|v|$ 이므로 $t=g(s)=\frac{s}{|v|}$ 이다. α의 호의길이 s에의해 매개화된 곡선 $\beta(s)=u+s\frac{v}{|v|}$는 단위속력 곡선이고 **접선벡터**(tangent vector)는 $T(s)=\frac{v}{|v|}$이다. 이것으로부터 $\frac{dT}{ds}=\vec{0}$임을 알 수 있다.

예제 8.5 반경이 r인 원 $\alpha(t)=(rcost, rsint, 0)$를 고려하자.
$\frac{d\alpha}{dt}=(-rsint, rcost, 0)$이고 $\left|\frac{d\alpha}{dt}\right|=r$이다. $s=\int_0^t r\ dt = rt$이므로
$t=g(s)=\frac{s}{r}$이다. α의 호의길이 s에 의해 매개화된 곡선
$\beta(s)=\left(rcos\left(\frac{s}{r}\right), rsin\left(\frac{s}{r}\right), 0\right)$는 단위속력 곡선이고 반경이 r인 원이다. α의 접선벡터 $T(s)=\left(-\sin\left(\frac{s}{r}\right), \cos\left(\frac{s}{r}\right), 0\right)$이고
$\frac{dT}{ds}=\left(-\frac{1}{r}\cos\left(\frac{s}{r}\right), -\frac{1}{r}\sin\left(\frac{s}{r}\right), 0\right)$ 은 크기가 $\frac{1}{r}$인 벡터이다.

지금부터 곡선의 곡률을 정의하기 위해 몇 가지 직관적인 착상을 이해해 보자. 이 장의 처음에도 언급했듯이 곡률이라는 것은 곡선의 휜 정도를 나타내는 것이므로 곡률 k의 정의는 2가지 조건을 만족해야 한다.

(1) 직선의 곡률은 휘지 않았으므로 항상 $k=0$이어야만 한다.
(2) 원은 원위의 모든 점에서 일정하게 휘었으므로 원의 곡률은 원위의 모든 점에서 같아야만 한다. 그리고 원의 곡률 k는 반경에 반비례 이어야만 한다.

예제 8.4는 직선 $\alpha(t)=u+tv$의 접선벡터 $T=\frac{v}{|v|}$가 변수 s와 무관함을 보여준다. 예제 8.5는 반경이 r인 원의 접선벡터가 s에 따라 변하나 접선벡터의 도함수는 s와 무관하게 일정한 크기 $\frac{1}{r}$을 갖는 벡터임을 보여준다. 따라서 다음과 같은 정의를 내릴 수 있게 된다.

> **정의 8.8** $\alpha(s)$를 단위속력 정칙곡선이라 할 때
> $k(s) = |T'(s)| = \left|\dfrac{d^2\alpha}{ds^2}\right|$를 $\alpha(s)$에서의 곡선 α의 **곡률**(curvature)이라 하고 $\rho(s) = \dfrac{1}{k(s)}$를 $\alpha(s)$에서의 곡선 α의 곡률반경이라 한다.

정의 8.8에 따르면 직선일 경우 직선위의 모든 점에서 곡률 $k(s) = 0$이 되고 반경이 r인 원일 경우는 원위의 모든 점에서 곡률 $k(s) = \dfrac{1}{r}$이 된다. 또한 원의 곡률 $k(s) = \dfrac{1}{r}$은 원의 반경 r에 반비례한다.

예제 8.6 원나선 $\alpha(t) = (a\cos t, a\sin t, bt)$ $(a > 0, b \neq 0)$, $t \in R$에서
$\dfrac{d\alpha}{dt} = (-a\sin t, a\cos t, b)$, $\left|\dfrac{d\alpha}{dt}\right| = \sqrt{a^2+b^2}$, $s = \displaystyle\int_0^t \left|\dfrac{d\alpha}{dt}\right| dt = \int_0^t \sqrt{a^2+b^2}\, dt$
$= \sqrt{a^2+b^2}\, t$이므로 $t = g(s) = \dfrac{s}{\sqrt{a^2+b^2}}$ 이다. 호의길이에 의해 매개화된 원나선의 식은 $\beta(s) = \alpha(g(s)) = \left(a\cos\dfrac{s}{\sqrt{a^2+b^2}}, a\sin\dfrac{s}{\sqrt{a^2+b^2}}, \dfrac{bs}{\sqrt{a^2+b^2}}\right)$이고 β는 단위속력곡선이다. 즉,

$$\left|\frac{d\beta}{ds}\right| = \left|\left(\frac{-a}{\sqrt{a^2+b^2}}\sin\frac{s}{\sqrt{a^2+b^2}}, \frac{a}{\sqrt{a^2+b^2}}\cos\frac{s}{\sqrt{a^2+b^2}}, \frac{b}{\sqrt{a^2+b^2}}\right)\right|$$

$$= \sqrt{\frac{a^2}{a^2+b^2}\left(\sin^2\frac{s}{\sqrt{a^2+b^2}} + \cos^2\frac{s}{\sqrt{a^2+b^2}}\right) + \frac{b^2}{a^2+b^2}}$$

$$= \sqrt{\frac{a^2+b^2}{a^2+b^2}}$$

$$= 1$$

이다. β의 접선벡터

$$T(s) = \frac{d\beta}{ds} = \left(\frac{-a}{\sqrt{a^2+b^2}}\sin\frac{s}{\sqrt{a^2+b^2}}, \frac{a}{\sqrt{a^2+b^2}}\cos\frac{s}{\sqrt{a^2+b^2}}, \frac{b}{\sqrt{a^2+b^2}}\right)$$

이고 $T'(s)=\left(\frac{-a}{a^2+b^2}\cos\frac{s}{\sqrt{a^2+b^2}}, \frac{-a}{a^2+b^2}\sin\frac{s}{\sqrt{a^2+b^2}}, 0\right)$이다.

따라서 원나선의 $\beta(s)=\alpha(t)$에서의 곡률은

$$k(s)=|T'(s)|=\sqrt{\frac{a^2}{(a^2+b^2)^2}\cos^2\frac{s}{\sqrt{a^2+b^2}}+\frac{a^2}{(a^2+b^2)^2}\sin^2\frac{s}{\sqrt{a^2+b^2}}}$$

$$=\sqrt{\frac{a^2}{(a^2+b^2)^2}}$$

$$=\frac{a}{a^2+b^2}$$

이다. 원나선도 원의 경우와 마찬가지로 일정한 곡률을 갖는다.

> **정리 8.9** 정칙곡선이 직선일 필요충분조건은 곡선위의 모든 점에서 곡률이 항상 영(zero)인 것이다. 즉 $k=0$.

증명 정칙곡선 $\alpha(s)$의 곡률이 $\alpha(s)$ 위의 모든 점에서 영이라면

이명 $k(s)=|T'(s)|=0$으로부터 $T'(s)=\vec{0}$을 얻는다. 이것을 s에 관하여 적분하면 $T(s)=u$ ($|u|=1$ 인 상수벡터)이다. $T(s)=\alpha'(s)$이므로 $\alpha(s)=us+v$(v는 상수벡터)이다. 즉, $\alpha(s)$는 v를 지나고 u에 평행인 직선이다. 역으로 정칙곡선이 직선 $\alpha(t)=ut+v$ ($u\neq\vec{0}$ 인 상수벡터) 이면 접선벡터 $T=\left(\frac{d\alpha}{dt}\right)/\left|\frac{d\alpha}{dt}\right|=\frac{u}{|u|}$이고 곡률 $k(s)=|T'(s)|=\left|\frac{dT}{ds}\right|=\left|\frac{d}{ds}\left(\frac{u}{|u|}\right)\right|=0$이다. 위의 식에서 s는 호의 길이이다. ■

정의 8.10 $\alpha(s)$를 단위속력 정칙곡선이라 하자. $k(s) \neq 0$일 때 단위벡터 $N(s)=\dfrac{T'(s)}{k(s)}$를 $\alpha(s)$에서의 **법선벡터**(normal vector)라 하고, $T(s)$와 $N(s)$ 에 의해 결정되는 평면을 **접촉평면**(osculating plane)이라 한다. 만약에 $k(s)=0$이면 $\alpha(s)$에서의 법선벡터는 정의될 수 없다. 단위벡터 $B(s)=T(s)\times N(s)$ 를 $\alpha(s)$에서의 **종법선벡터**(binormal vector)라고 한다. $\alpha(s)$를 지나고 $\alpha(s)$에서의 **접선벡터** $T(s)$에 수직인 평면, 즉 $N(s)$와 $B(s)$에 의해 결정되는 평면을 **법평면**(normal plane)이라 하고 $\alpha(s)$를 지나고 $\alpha(s)$ 에서의 법선벡터 $N(s)$에 수직인 평면 즉, $T(s)$와 $B(s)$에 의해 결정되는 평면을 **전직평면**(rectifying plane)이라 한다.

보기 접선벡터 $T(s)$는 단위벡터 (즉 크기가 1) 이므로 $T(s)\cdot T(s)=1$이다. 양변을 s에 관하여 미분하면 $T'(s)\cdot T(s)=0$을 얻는다. 따라서 $T'(s)\neq \vec{0}$이면 $T'(s)$와 $T(s)$는 수직임을 알 수 있다. 정의 8.10에 의하면 $k(s)\neq 0$일 때 $N(s)=T'(s)/k(s)$이므로 접선벡터 $T(s)$와 법선벡터 $N(s)$는 수직임을 알 수 있다. 또한, $B(s)=T(s)\times N(s)$로부터 $T(s)$, $N(s)$, $B(s)$는 서로 수직인 단위벡터들임을 알 수 있다.

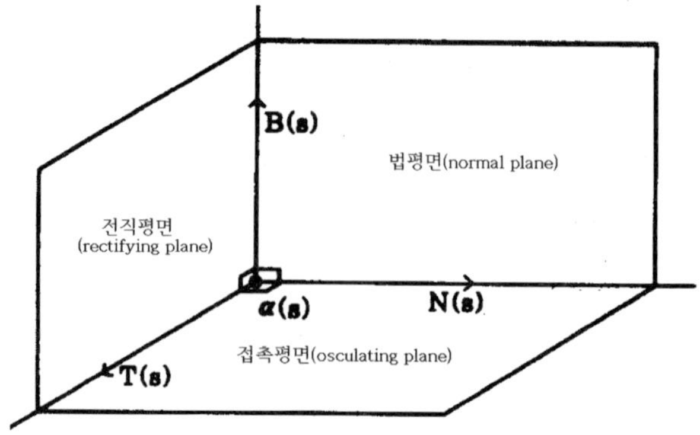

예제 8.7 예제 8.6의 원나선 $\alpha(s)=(a\cos ws, a\sin ws, bws)\,(a>0, b\neq 0)$를 고려하자. 단, $w=\dfrac{1}{\sqrt{a^2+b^2}}$이다. 이때

$$T(s)=(-aw\sin ws,\ aw\cos ws,\ bw),$$

$$T'(s)=\left(-aw^2\cos ws, -aw^2\sin ws, 0\right),$$

$$k(s)=aw^2$$

이다.

$$T(s)\cdot T'(s)=a^2w^3\sin ws\ \cos ws - a^2w^3\sin ws\ \cos ws=0$$

임을 알 수 있다.

$$N(s)=(-\cos ws, -\sin ws, 0),$$

$$B(s)=T(s)\times N(s)$$

$$=\det\begin{pmatrix} e_1 & e_2 & e_3 \\ -aw\sin ws & aw\cos ws & bw \\ -\cos ws & -\sin ws & 0 \end{pmatrix}$$

$$=(bw\sin ws,\ -bw\cos ws,\ aw)$$

이므로 $\alpha(0)=(a,0,0)$에서 접촉평면의 방정식을 구해보면

$$(Y-\alpha(0))\cdot B(0)=0$$

$$(y_1-a,\ y_2-0,\ y_3-0)\cdot(0,-bw,\ aw)=0$$

$$-bw\,y_2+aw\,y_3=0$$

$$b\,y_2-a\,y_3=0$$

이다.

연습문제 (8.1)

1. $\beta(t) = (1+t, t, t^3)$이 정칙곡선임을 보이고 T, N, B, k를 구하여라.

2. $\beta(t) = (e^t \cos t,\ e^t \sin t,\ e^t)$의 곡률을 구하여라.

3. $\alpha(1)$에서 곡선 $\alpha(t) = (e^t,\ \cos t,\ 3t^2)$의 법평면의 방정식을 구하여라.

4. $\alpha(s) = (x(s),\ y(s),\ 0)$을 $|\alpha'(s)| = 1$ 인 정칙곡선이라 하자. 이때 $k(s) = |x'(s)y''(s) - x''(s)y'(s)|$임을 증명하라.

8.2 곡면

곡면이란 쉽게 이해하면 3차원 공간 R^3에 있는 평면 또는 평면이 휘어져 변형된 형태인 도형을 말한다. 즉 2차원 평면 R^2의 휘어진 형태로 생각할 수 있다. 따라서 3차원 공간 R^3에 있는 곡면은 2차원 평면 R^2와 일대일 대응 관계로 비교 가능하고 평면 위의 점을 곡면 위의 점으로 대응시키는 함수를 정의할 수 있다. 또한 매끄러운 곡면은 미분 가능한 함수로 표시할 수 있다. 곡면을 이해하기 위해서는 미분적분의 많은 이론을 이용하여야 한다. 여기서는 오직 직관적인 착상만을 간략히 이해하도록 하자. 곡선의 경우와 마찬가지로 대부분의 곡면은 곡면 전체가 매끄럽지는 않다. 하지만 국소적으로는 매끄러울 수 있다. 따라서 3차원 공간 R^3에 있는 매끄러운 곡면 M을 생각해보자. 여기서 매끄럽다는 말은 곡면위의 각 점 P에서 접평면이 연속적으로 회전한다는 뜻이다.

정의 8.11 $\alpha(s)$를 곡면 M 위의 점 $P=\alpha(s_0)$를 지나는 곡면 위에 놓인 곡선이라 하자. 이때 $\alpha'(s_0)$를 점 P에서의 곡면 M의 **접선벡터**(tangent vector)라 한다. 점 P에서의 곡면 M의 접선벡터 전체의 집합을 **접평면**(tangent plane)이라 하고 T_PM으로 표기한다.

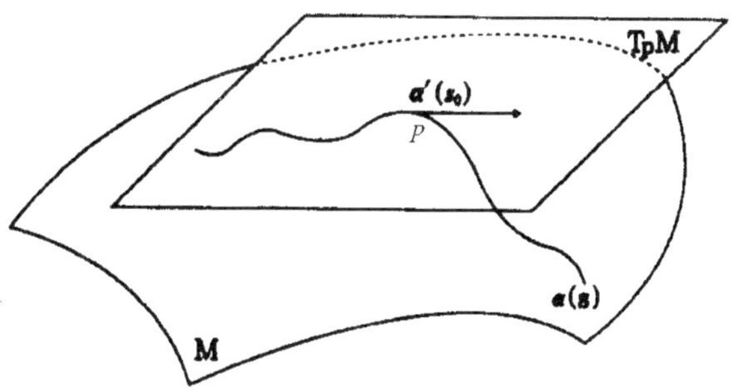

정의 8.12 곡면 M 위의 점 P에서 T_PM에 수직인 단위벡터 n을 점 P에서의 곡면 M의 **단위법선벡터**(unit normal vector)라 한다. P를 지나고 P에서의 단위법선벡터 n에 평행인 직선을 P에서의 **법선**(normal)이라 한다.

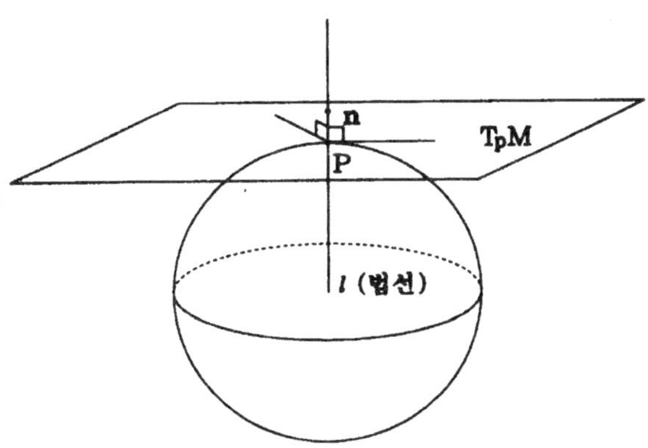

정의 8.13 α를 곡면 M 위의 점 P를 지나는 곡면위에 놓인 정칙곡선이라 하자. k를 P에서의 α의 곡률, N를 α의 단위법선벡터라 하고, n를 P에서의 곡면 M의 단위법선벡터라고 할 때, 실수 $k_n = k(N \cdot n)$을 P에서의 α의 **법선곡률**(normal curvature)이라고 한다.

보기 $N \cdot n = \cos\theta$라 놓으면 $k_n = kcos\theta$이며, k_n은 벡터 $kN = \alpha''$의 곡면 M 위의 점 P에서의 법선 방향에 투사된 부분의 길이이다. 법선곡률은 α의 방향에 의존하지 않지만 곡면 M의 방향에는 의존한다.

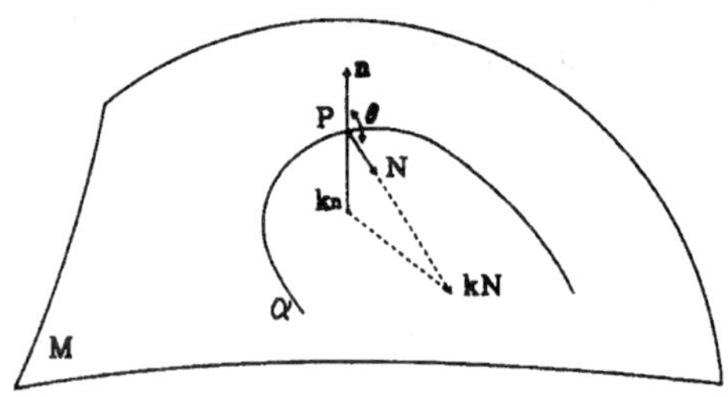

정의 8.14 $u \in T_PM$가 $|u| = 1$일 때 u와 곡면 M 위의 점 P에서의 곡면 M의 단위법선벡터 n을 품는 평면을 π라고 하자. 곡면 M과 평면 π의 교차부분인 $M \cap \pi$를 점 P에서의 벡터 u 방향으로의 **법선절단**(normal section)이라고 한다.

이 법선절단은 M 위에 있는 정칙평면곡선으로서 P에서 이 곡선의 법선벡터 $N = \pm n$이다.

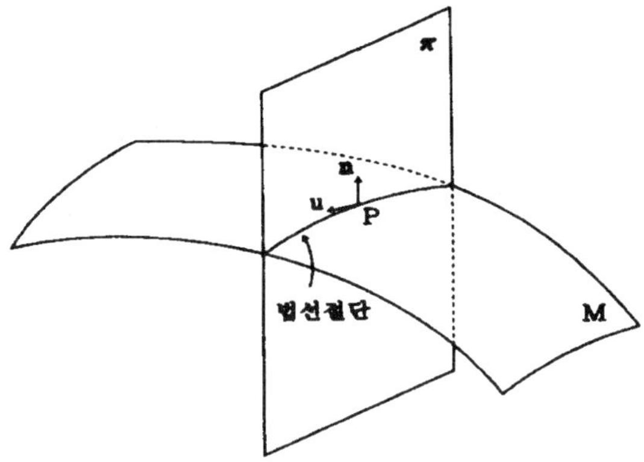

> **보기** 법선절단의 점 P에서의 곡률은 점 P에서의 법선곡률의 절대치와 같다. 따라서 법선곡률은 곡면 M 위의 점 P에서 곡면 M의 벡터 u방향으로의 휜 정도를 나타내는 수치이다.

곡면 M 위의 점 P에서 단위접선벡터 $u \in T_PM$가 접평면 T_PM에서 법선의 둘레로 회전할 때, 점 P에서 벡터 u 방향으로의 법선절단들이 만들어지고 이것으로부터 곡면 M이 점 P에서 모든 방향으로 어떻게 휘었는가를 알아볼 수가 있다. 우리는 이미 이들 각 **법선절단**(normal section)에 대하여 P에서의 곡률을 어떻게 구하는지 배웠고 이들 곡률은 점 P에서의 법선곡률의 절대치와 같음을 설명한 바 있다.

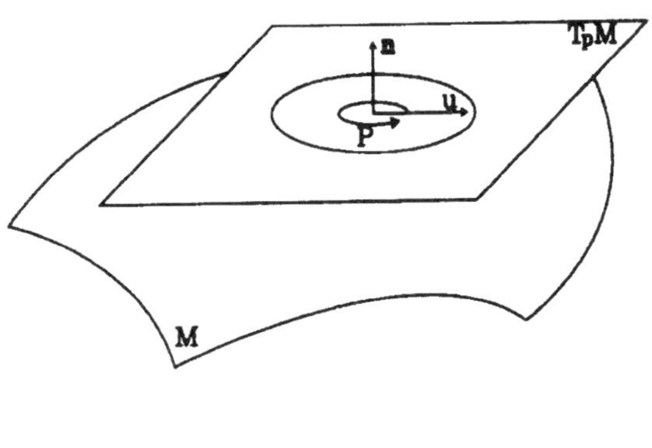

일반적으로 점 P에서의 법선곡률들은 법선의 둘레로 회전하면서 변하게 될 것이다. 미분기하학의 방법을 이용하면 이 법선곡률들이 최댓값 k_1과 최솟값 k_2를 갖는다는 것을 보일 수 있고 또 그 대응 법선절단(주곡선이라고 부른다)이 서로 수직이라는 사실을 알 수 있다. 이 경우 k_1, k_2를 주곡률 이라 한다.

> 정의 8.15 $K=k_1k_2$를 가우스 곡률 또는 간단히 곡면곡률이라 한다.

예제 8.8 평면 M에서의 모든 법선절단은 직선이므로 법선곡률은 항상 0이다. 따라서 임의의 점 $P\in M$에서의 가우스 곡률 $K=0$이다.

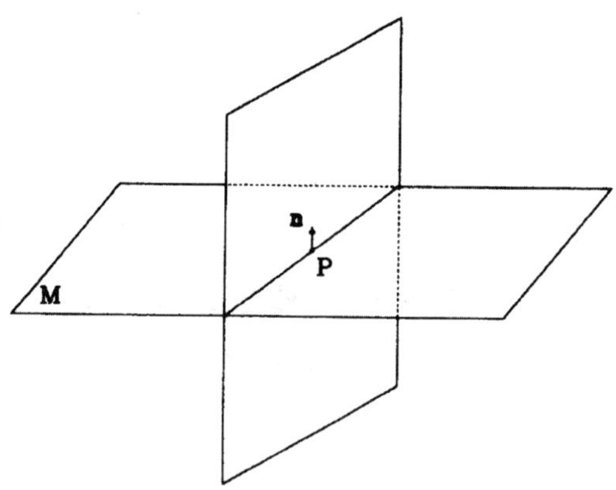

예제 8.9 반경이 r인 구 에서는 구위의 점 P를 지나는 모든 법선절단이 반경이 r인 원 이므로 곡률이 $\frac{1}{r}$이다. 따라서 점 P에서의 가우스 곡률 $K=k_1k_2$는 $\frac{1}{r^2}$이다.

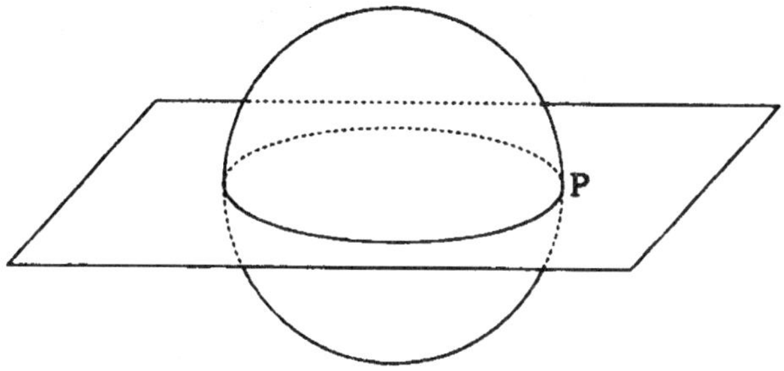

예제 8.10 원기둥의 경우에는 주곡선 중의 하나가 직선이 되는데 직선의 곡률은 0이므로 원기둥위의 임의의 점에서의 가우스 곡률 $K=k_1k_2$는 0이 된다.

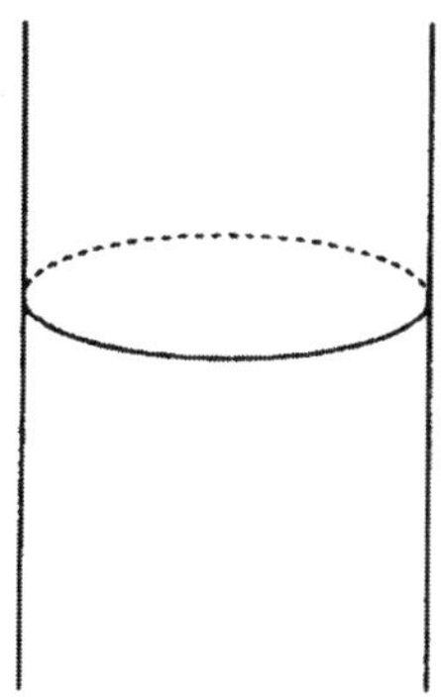

예제 8.10의 놀랄만한 결과는 원기둥을 평면을 말은 것으로 생각하면 더 잘 이해될 수 있다. 곡면의 곡률에 대한 어떤 정의를 세우더라도 분명히 평평한 곡면 즉 평면의 곡률은 0이 되도록 해야 할 것이다. 직사각평면 띠(strip)를 마는 과정에서 띠 위에 있는 호의길이와 곡선들 사이의 각은 변하지 않는데 이런 의미에서 띠 위의 고유기하학은 변하지 않는다. 가우스는 곡면이 3차원 공간에 놓이는 방법과는 관계없이 곡면의 고유기하학에만 종속되는 곡면곡률의 정의를 찾다가 곡면위의 호의길이와 모든 곡선들 사이의 각이

불변인 채로 곡면을 구부리게 할 수 있다면 가우스 곡률 K가 변하지 않음을 증명하였다. 따라서 가우스 곡률 K는 곡면이 3차원 공간에 놓일 때 구부려지는 방법과는 관계없이 곡면의 고유 곡률을 나타낸다. 주곡률 k_1, k_2가 그러한 구부림에 의하여 변 함에도 불구하고 그들의 곱인 가우스 곡률 $K=k_1k_2$가 변하지 않는다는 사실은 매우 놀랍다. 곡면위에 살면서 3차원의 어떤 개념도 갖고 있지 않고 또 가우스 곡률 K를 정의하는데 사용한 법선을 상상할 수도 없는 2차원의 생명체를 상상해보라. 이 생명체는 어떻게 K를 계산할 수 있겠는가? 가우스는 미분법을 이용하여 곡률 K가 곡면위에서만 측정을 하는 2차원 생명체에 의해서 결정될 수 있는 것들만을 사용하는 공식에 의해서 표현될 수 있음을 보였다. 따라서 2차원 생명체도 이 공식으로부터 K를 계산할 수 있고, 그 생명체가 곡률 K가 무엇을 의미하는가를 보이는데는 어려움이 있을지 몰라도 그의 세계가 휘어져 있다는 사실은 발견할 수 있다.

【참 고 문 헌】

1. 강정홍, 김정헌, 박석봉, 이시창, 선형 대수학, 교우사, 1996
2. 김응태, 박승안, 정수론, 이우사, 1988
3. 서남원, 경영 수학, 박영사, 1975
4. 양재현, 미분기하학입문, 교우사, 2000
5. 전인홍, 집합론입문, 교우사, 2006
6. D. flath, Introduction to Numler Thoory, Wiley, 1989
7. S. H. Friedberg, A. J. Insel, L. E. Spencer, Linear Algebra, Prentice-Hall, 1989
8. M. M. Lipschutz, Differential Geometry
9. R. S. Millman and G. D. Parker, Elements of Differenrial gemetry.
10. B. Noble, J. Daniel, Applied Linear Algebra, Prentice-Hall, 1988
11. B. O'Neill, Elementary Differential Geometry
12. K. H. Rosen, Elementary Number Theory and its applications A-W, 1993

【찾아보기】

| 저자 약력 |

전 인 흥
서울대학교 화학공학과 공학사
Louisiana State University 수학과 이학박사
현재 서울여자대학교 수학과 교수

전숙희
연세대학교 수학과 이학사
Indiana University 수학과 이학박사
현재 서울여자대학교 수학과 교수

이영섭
연세대학교 수학과 이학사
University of Southern California 수학과 이학박사
현재 서울여자대학교 수학과 교수

수학의 세계

2009년 3월 2일 1판 1쇄 발행
2012년 3월 2일 1판 2쇄 발행

저　자 / 전인흥 · 전숙희 · 이영섭
발행자 / 오판근
발행처 / 교우사

주　소 / 서울특별시 동대문구 약령시로 8 교우빌딩 2층
전　화 / 925-2861(代), 편집부 / 925-2825
팩　스 / 925-2860

E-mail / kyowoo@kyowoo.co.kr
http://www.kyowoo.co.kr

등록 / 1994. 3. 24 제6-0256호

ISBN 978-89-8172-788-8 (93410)

값 **10,000**원